Kawaii Mini Steamed Buns

卡哇伊一口小饅頭

約 6 公分大小，簡單、好做、萌翻天的
40 款立體造型小饅頭

造型饅頭女王
王美姬 著

願自己是蒲公英，散播造型饅頭種子，花開全世界

如果你有一粒夢想的種子，你希望它開出什麼樣的花？

小時候跟爸媽務農，讓我學會了一件事：「種瓜得瓜、種豆得豆，辛苦耕耘才會有所收穫。」

那個時候吃著媽媽準備的一日三餐，平凡之中有永遠忘不了的幸福媽媽味；那個時候我們要的快樂很簡單，吃飽喝足人生就很滿足。

現在，我們也能用很「簡單」的事情，讓自己很快樂。出到了第四本饅頭食譜，這本書希望用簡單的造型，帶大家回到小時候那個單純美好的時代，我們擁有的不多，卻笑得很開心；我們的父母擁有的也不多，但卻親手餵養著我們。看著父母背影長大的我們，也可以努力活出他們期盼的樣子。

如果我有一粒夢想的種子，
希望它是蒲公英，
帶著快樂小饅頭的夢想，
飛到全世界！
讓更多人因為這款點心，
展開為孩子手作的生活。

感謝手作路上遇見的每一位愛護美姬的您們，因為有大家才有這本食譜，祝願大家每一口吃到的都是甜美幸福！

造型饅頭女王

王美姬

用小饅頭，為生活添些小確幸

朱雀文化從2016年與美姬老師出版《卡哇伊立體造型饅頭》以來，「造型饅頭」已成為這近四年中最火紅的手作之一，坊間隨處可見造型饅頭商品，而烘焙教室的造型饅頭課程也歷久不衰。

但我們並不以現狀自滿，常常在想，還有什麼內容，能夠讓更多人認識造型饅頭？經過同仁與美姬老師的腦力激盪後，我們認為「小巧」、「可愛」的造型，是許多人的最愛。因此，特別請美姬老師以迷你為經、可愛為緯，為讀者們設計出每一顆約5～6公分大小的40款萌翻天小饅頭造型。

這40款中，撇開前面的揉麵團、調色、分割等步驟，真正進入「造型」部分，有很多款只要2、3個步驟即可完成，真是超級簡單！但是，即使是簡單的造型，每一款還是可愛得不得了。

為了讓讀者更快進入造型饅頭的製作精髓，美姬老師特別將製作造型饅頭常見的滾圓、搓長條、愛心、水滴等形狀，專闢一個單元為讀者細細解說，將這些形狀練習透徹，你也很快就能做出一顆顆可愛的小饅頭。

除此之外，40款的造型在配色上特別花了點心力，只要揉出和老師類似的顏色，做出來的饅頭都會很好看。但是美姬老師也特別提醒讀者，做饅頭要享受製作的過程，也許成果沒法子像老師做得一樣美，但是過程快樂最重要！

現在就開始，用一口小饅頭為你添上些許生活的小確幸吧！

朱雀文化編輯部

目錄

CONTENTS

Part 1 一口小饅頭製作 Q&A

一口小饅頭初階班

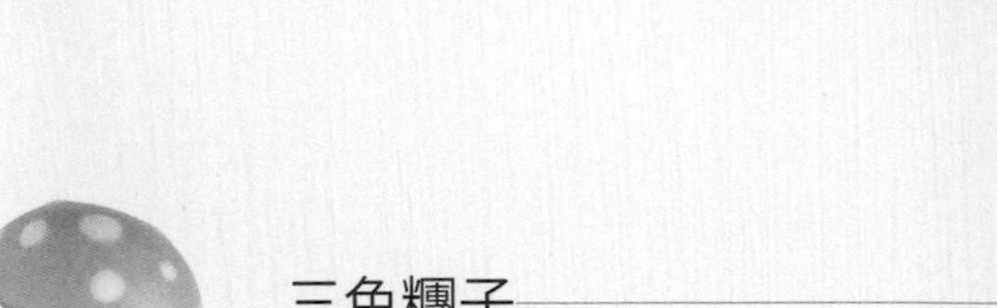

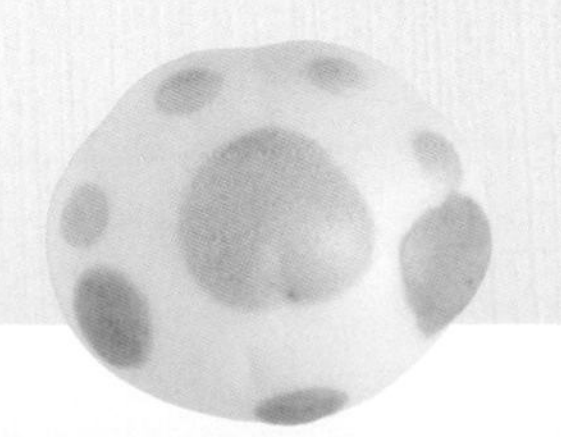

CONTENTS

Part

3

一口小饅頭進階班

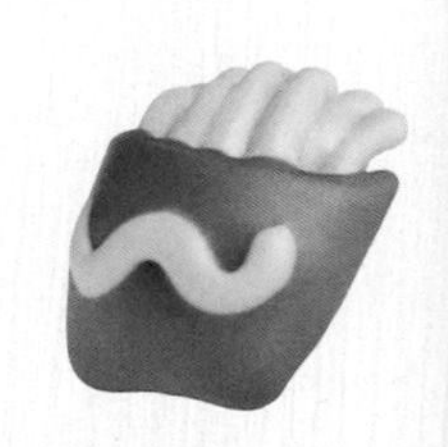

Part

4

一口小饅頭高階班

一口小饅頭
製作 Q&A

慢慢學、開心做，搞懂製作造型饅頭的 Q&A，

造型小饅頭大小事，全部都在掌握中！

做一口小饅頭前，你必須搞懂的Q&A

小小巧巧、可愛又好吃的造型饅頭，總讓人愛不釋手，甚至做好了捨不得吃。很想迫不及待趕快動手做！但是，在開始製作造型饅頭前，建議你先將這一篇研讀清楚，對造型饅頭使用材料、工具、基本工、小技巧、蒸煮注意事項等有深入了解後，再動手做，會非常輕鬆哦！

1 Questions 什麼是立體造型饅頭？

圓圓方方的饅頭大家都知道，可是說到立體造型饅頭，大家就會失去想像力。即便是實品擺在眼前，還是有人會問：「這真的可以吃嗎？」

立體造型饅頭利用天然食材調製出具有色澤、香氣，營養的健康麵團，製作上與傳統饅頭最大的不同，在於需要以手工捏塑裝飾出造型的各個部分，使平凡的白饅頭變成一顆讓人會心一笑、愛不釋手的造型饅頭。

裝飾後的立體造型饅頭，藉由適宜的溫濕度使酵母發酵，使內部充滿氣孔，經過蒸氣熟成，一顆顆溫暖、柔嫩、充滿彈性、帶有滿滿療癒效果的神奇小饅頭，躍然而生。

2 Questions 一口小饅頭有多大？

坊間的饅頭通常重量都維持在50～100克上下，本書所做的小饅頭，僅有20克左右，每一顆製作完時直徑大小約僅3公分，經過發酵蒸煮過後，完成的饅頭直徑也只有5～6公分，非常迷你、小巧可愛，一口就能吃掉！

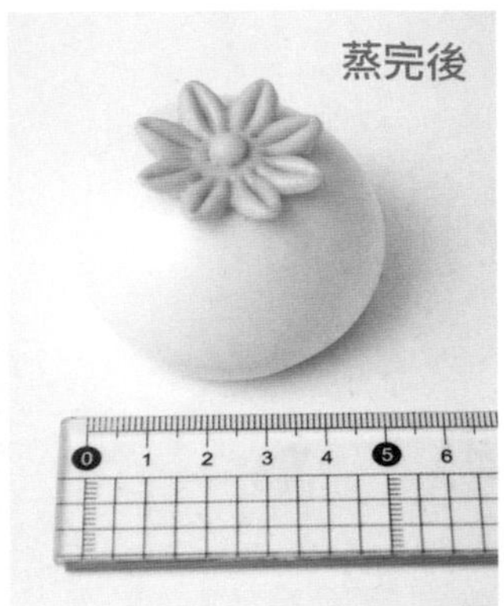

3 Questions 一口小饅頭要用到哪些工具？

以下是製作一口小饅頭所需要使用到的工具，並不是每一項都要擁有才能做出漂亮的一口小饅頭，使用家裡現有，或找出替代品，都可以做出好吃好玩的一口小饅頭。介紹做一口小饅頭需要的工具：

工作檯面

擁有一個完整的工作檯面，能使製作饅頭時能安心自在。不需要寬敞的範圍，但工作面積要整潔、乾淨，方便揉麵或進行製作過程中的揉、壓、搓等動作。
光滑的大理石檯面最適合揉麵整型；不鏽鋼檯面、塑膠砧板或防滑軟墊亦可，但需要留意墊板需固定，防止揉麵時滑動，不利施力揉麵和滾圓。

竹蒸籠

蒸煮造型饅頭最理想工具。透氣性佳，不會滴水，好的竹蒸籠蒸完還會有竹子的天然香氣。使用完需自然風乾，不可以曝曬，否則容易發霉或變形。

計時器

計時攪拌、發酵、蒸煮、冷卻等時間的最佳工具。

饅頭紙

將饅頭擺在上頭，避免髒污，同時方便做造型使用。各種大小尺寸的饅頭紙，圓的、方的皆可。本書建議使用5×5及10×10公分方形／圓形饅頭紙。

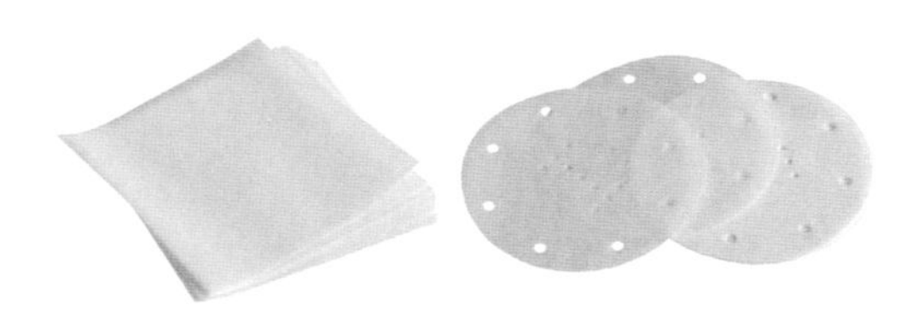

瓦斯爐

一般家用的瓦斯爐即可，如果有一台快速爐也不錯。可依造型饅頭發酵過程，隨時蒸煮，非常方便。要注意的是若使用快速爐，請特別留意火候勿過大。

電鍋

瓦斯爐的替代品，可用來發酵饅頭，或蒸饅頭用，尤其用來回蒸饅頭更是方便。

電子秤

秤量各種食材的好工具，因一口小饅頭麵團分量小，所搭配的配件使用到的麵團亦不大，建議使用最小可以秤重到0.1克的電子秤才順手。

散熱架

蒸好饅頭散熱放涼的好工具。

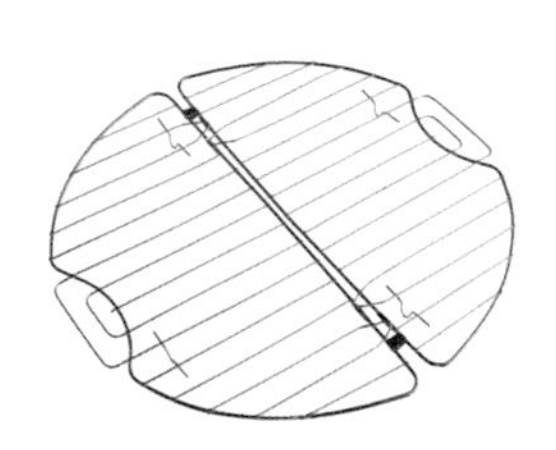

擀麵棍

延壓出氣泡，擀平麵皮用。因為一口小饅頭的體積不大，擀麵棍無需過長，較方便操作。

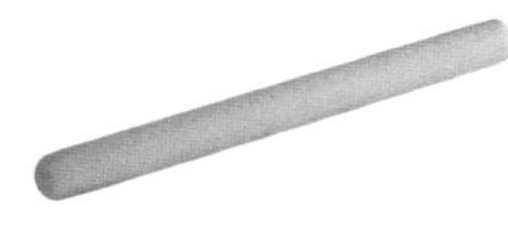

牙籤

幫助固定裝飾線條，或截斷線條等。

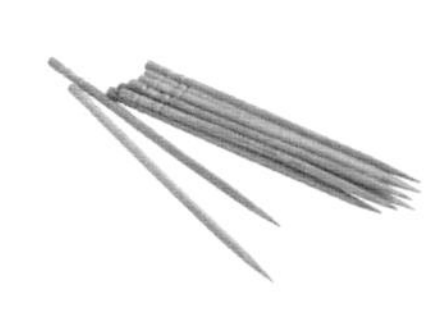

壓麵器

若在家中簡單製作造型饅頭，使用KitchenAid攪拌機專用的配件——壓麵器就足以應付。透過壓麵機的功能，可使麵團更為緊實，製作出來的饅頭不易產生氣泡，會更光滑漂亮。

KitchenAid攪拌機的壓麵器為不鏽鋼材質，運用在造型饅頭的壓製，美姬老師建議麵團控制在50克以內，使用的刻度為1，最容易壓製出完美的麵皮。

攪拌機

幫助攪拌麵團，容易打出麵團的筋性，解放雙手，同時也節省製作時間。

擁有近百年歷史淬煉的美國頂級小家電KitchenAid，是專業廚房中最常見的品牌，更是廣受歐美家庭喜愛的暢銷廚房家電。1919年上市的Stand Mixer，使廚房中的攪拌工作變得更簡便、有效率，因而成為攪拌機的代名詞，同時它也是全球主廚及廚房專業工作人員最常使用的品牌。

翻糖工具

有些特殊的造型，需要用到翻糖工具，才能讓造型更加美麗。這種雙頭設計，共有16款工具可使用的翻糖工具，可以完成造型饅頭塑形上的許多小細節，非常值得推薦。

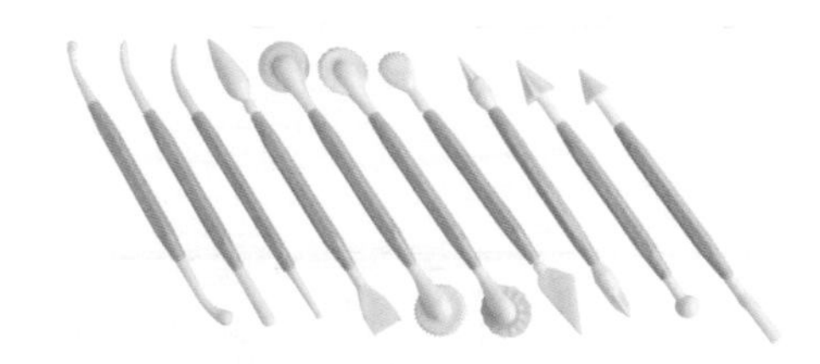

粗細毛筆

有些造型饅頭的小細節（如眼睛、眉毛、嘴巴等）太過細小，對造型饅頭新手來說，以黑色麵團搓細／圓來製作有困難度，此時可以用粗細毛筆沾上以竹炭粉與水混合均勻的黑墨水來繪製，一樣可愛。粗毛筆則可用來沾取清水，增加麵團的黏度，以利做造型。

橡膠刷

麵團表面需要大面積刷上清水或沙拉油。

切板

剷出攪拌缸內的麵團，並刮除殘留於攪拌缸壁上的麵團，亦可作為切割麵團用。

大圓形及小圓形模具

製作饅頭需要使用圓形麵皮時的好工具。

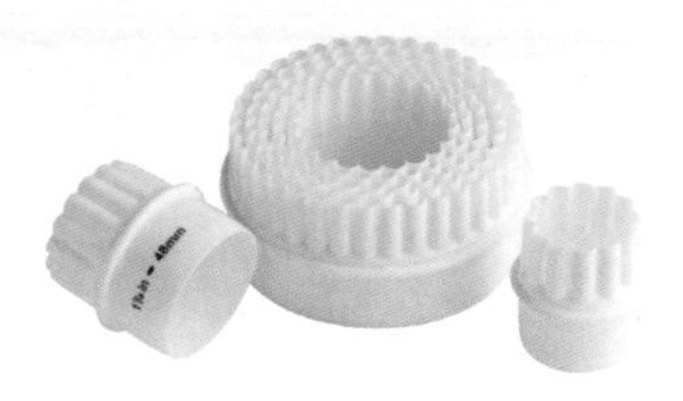

壓花模具

壓出花朵，增加饅頭的造型，省時省工。

糖果紙棒／雪糕木棒

將小饅頭串成一串，增加趣味。

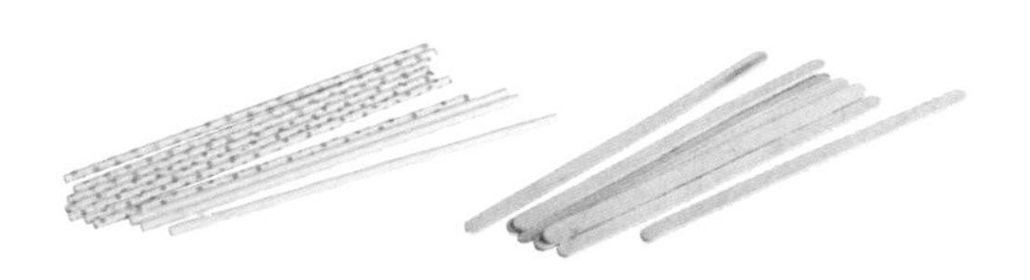

擠花嘴

用來製作大圓／小圓及挖洞時的好工具。

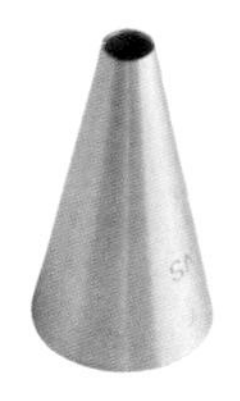

切割刀

做饅頭造型切割線條時使用，刀背可做割痕等使用。此款小刀刀鋒不利，不會輕易割傷手。

粗細吸管

和擠花嘴的功能類似，容易取得。

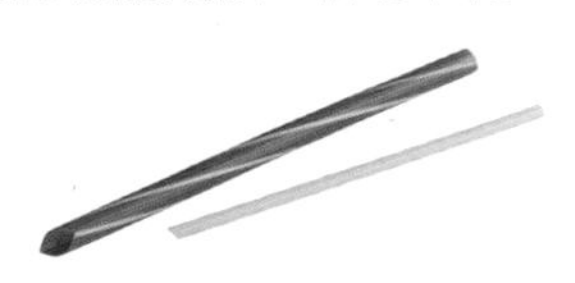

攪拌刮刀

手工揉麵將清水和麵粉和勻時使用。

小鋼盆

少量製作時手工揉麵用，或用來盛裝材料。

蒸鍋

集蒸籠及電鍋功能於一身，用來發酵／蒸煮饅頭非常方便。

剪刀

用來剪出P.144「卡哇伊小刺蝟」身上的刺時使用。

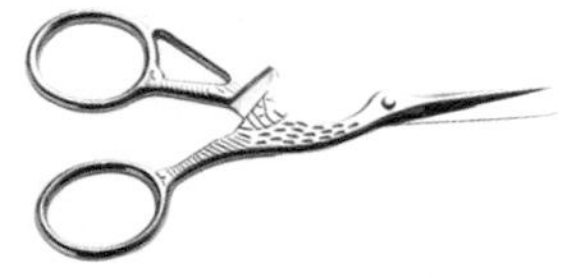

Questions

一口小饅頭要用到哪些材料？

饅頭要好吃，食材一定要用得好！本書的造型饅頭，全部使用天然食材，無添加、零化學色素，是美姬老師的堅持。而此次的書中饅頭配方，更是純素食，是最天然的饅頭！以下介紹本書會使用到的饅頭材料：

水

可以用飲用的冷開水或礦泉水。

中筋麵粉

中筋麵粉即粉心粉，筋性最適合製作造型饅頭。

細砂糖

提供酵母養分，增加饅頭甜味，也可以使麵團更加柔軟有黏性。

酵母粉

幫助麵團發酵。各家品牌酵母活力不同，請讀者多加嘗試比較。

沙拉油

使用家裡炒菜的植物油，如葵花油、芥菜油等；講究一點可以用橄欖油或椰子油。

起司片

製作P.64「起司棒棒糖」、P.141「蝸牛慢慢爬」時使用。

果醬

任何造型饅頭食用時，均可沾裹，增添美味。

巧克力米

在P.40「甜甜圈在一起」中使用，增添美味。

煉乳

在P.40「甜甜圈在一起」中使用，讓巧克力米黏在甜甜圈上。

5 Questions 一口小饅頭的完美配方？

配方的好壞，直接決定了饅頭成功與否。這個配方是美姬老師實驗多次之後，獻給讀者的完美配方，就算是茹素者一樣也可以吃喲！此配方做出來的饅頭，Q彈綿密，是一個讓人想一做再做的好配方。

材料：（此配方是以攪拌機揉製為設計，做好的麵團約500克，大家可依據自己需要製作的造型及數量，來分配麵團。）

中筋麵粉300克、清水150克、細砂糖30克、酵母粉3克、沙拉油7克

美姬小叮嚀

1 書中的食譜，皆以製作一顆饅頭所需的麵團重量為例，讀者若想多做幾顆，就可以依每一款造型饅頭的配方比例加倍。

2 基礎麵團做好後，便可以依書中每一款造型饅頭食譜的需求，開始調色，將白色麵團調成所需顏色，就可以製作本書裡任何一款立體造型饅頭。

6 Questions 可以用手揉製作饅頭麵團嗎？

用美姬老師所精心設計的小饅頭配方，因為份量不多，用手揉也可以輕鬆將麵團揉至光滑有彈性。

材料：

中筋麵粉300克、清水155克、細砂糖30克、酵母粉3克、沙拉油7克

（註：如果以手工揉麵，強烈建議清水分量比機器揉製多加5克，也就是155克。目的是希望麵團不要太硬，以免在操作過程中，揉不動麵團。）

做法▸ *Step by Step*

1

將清水倒入鋼盆中。

2

再將酵母倒入。

3

加入砂糖。

4

以橡皮刮刀攪拌至砂糖及酵母大致溶解，不需要到完全溶解。

5

加入中筋麵粉。

6

以橡皮刮刀攪拌至不見粉狀，呈棉絮狀。

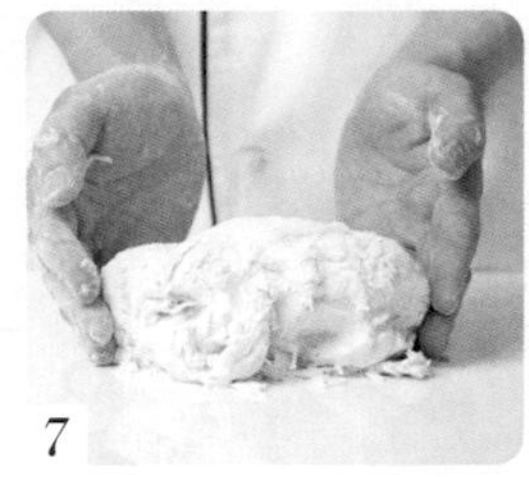

7

手在鋼盆中，將麵團揉至大致成團，將麵團自鋼盆取出，置於桌面。

8

以雙手開始推揉麵團。

9

將麵團揉至大致光滑（約10分鐘）。

10

加入沙拉油。

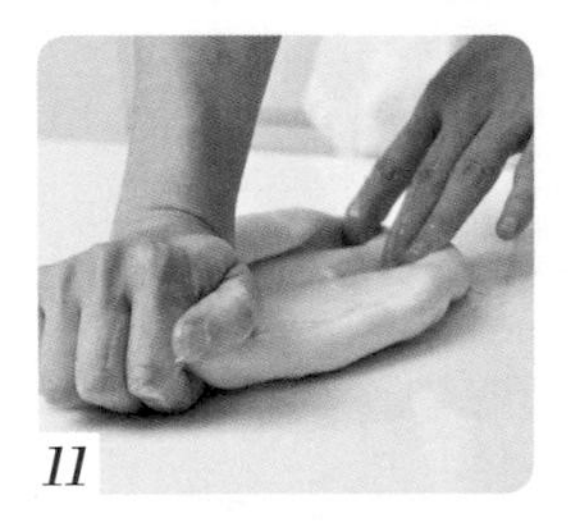

11

慢慢將沙拉油揉進麵團。

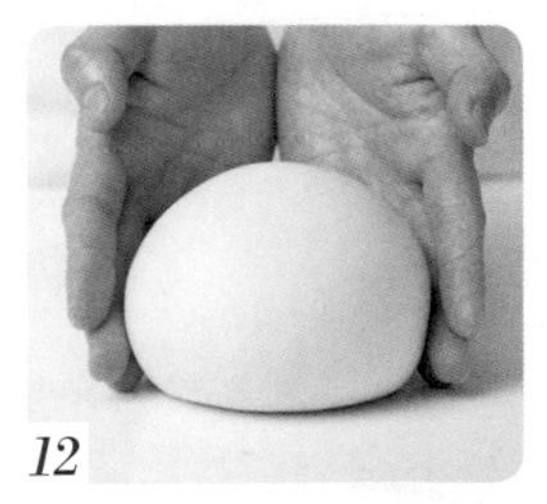

12

直至麵團完全光滑（約2分鐘）。

美姬小撇步

❊步驟11可以盡量大力一點，讓油盡快被麵團吸引，以免搓揉過久，麵團升溫，導致後續發酵過快。

❊先將麵團大致揉至光滑再加入油脂，能使蒸後的饅頭口感更軟。

Questions
如何運用攪拌機製作饅頭麵團？

用攪拌機來打饅頭麵團最省時省力，尤其想做量大些的造型饅頭，非常建議使用攪拌機。以這台KitchenAid4.8公升／5QT桌上型攪拌機來說，擁有4.8公升的大容量攪拌缸，可輕鬆攪拌200～900克中式麵團；10段轉速，方便各種操作；搪瓷不沾塗層的麵團勾，可輕鬆將麵團揉至光滑，尤其還可擴充配件，與壓麵器一起使用，做起造型饅頭，快速方便又省力！現在就來看看，如何用攪拌機製作饅頭麵團。

材料：

中筋麵粉300克、清水150克、細砂糖30克、酵母粉3克、沙拉油7克

做法 ▸ *Step by Step*

1 將清水倒入攪拌缸中。

2 再將酵母倒入。

3 加入砂糖。

4 以勾形攪拌器攪拌至砂糖及酵母大致溶解，不需要到完全溶解。

5 加入中筋麵粉。

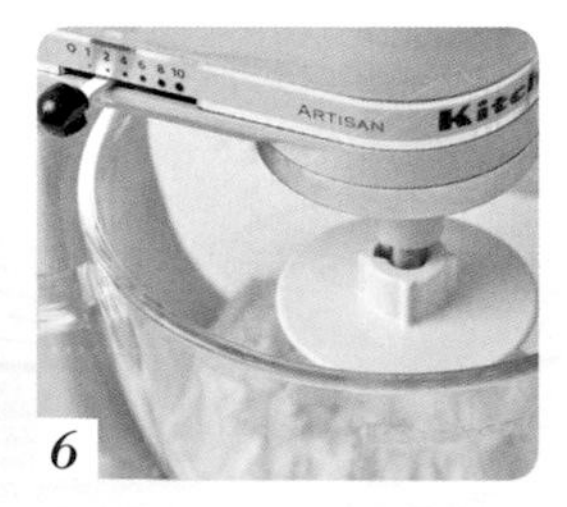

6 以慢速（2）攪拌5分鐘，讓麵團成團。

Tips

如果這時候無法成團，可以加一點水；若過於濕黏，可以加一點粉，以此兩種方式來調整麵團的軟硬度。

7 直至麵團呈大致光滑狀。

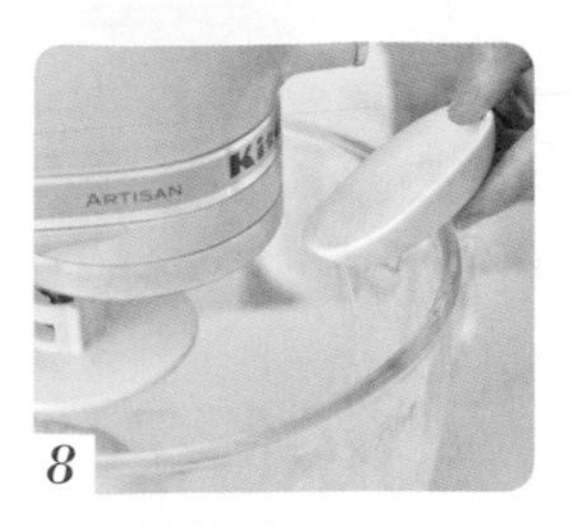

8

加入沙拉油。

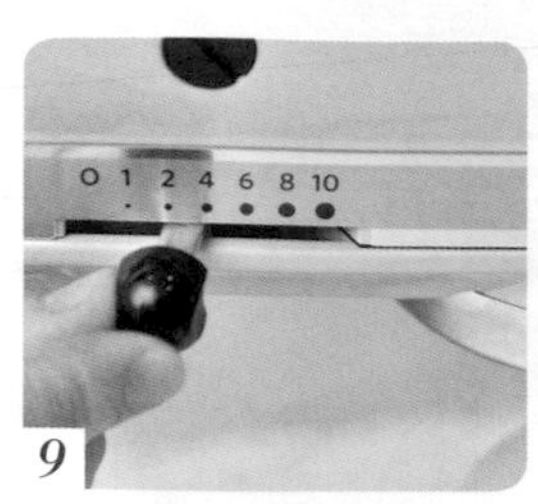

9

改中速（4）攪拌。

10

攪拌5分鐘麵團呈柔軟光滑即可。

Tips

若5分鐘後油尚未被麵團完全吸收，可以再攪打一會，直至成團。

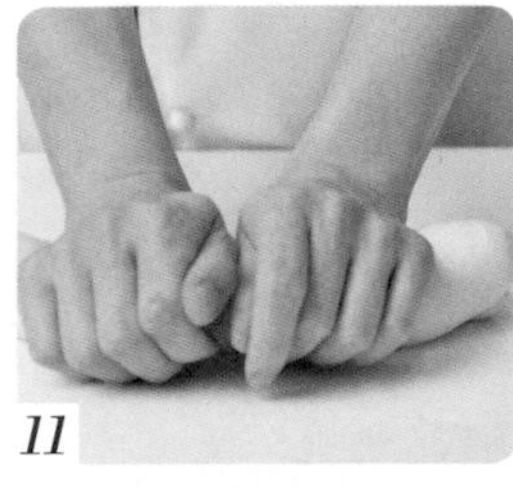

11

成團後的麵團，可自攪拌缸取出，再以手工揉約2～3分鐘。

12

讓麵團呈現完全光滑。

壓麵器這樣用！

麵團完全吸收了沙拉油之後，基本上已經完成90%的攪拌過程，此時將麵團自攪拌缸取出，可以用手揉讓麵團最後呈現完全光滑的模樣；也可以利用壓麵器來製作。

1

將壓麵器的刻度設定在1。

3

取50克以內的麵團放入壓麵器中，反覆壓製。

Tips

當麵團從壓麵器下來時，將麵皮往內捲。捲好的麵皮再垂直放入壓麵器中，如此反覆至麵皮壓製完成。

8 Questions
一口小饅頭會使用到哪些色粉？

本書所使用的調色粉，全部以自然食材製成，沒有任何化學成分，是讓造型饅頭色彩更繽紛的秘密武器。尤其坊間可選擇小包裝天然色素系列產品，讓小量需求使用者也可以方便購得，使食品多添加點色彩，但又對人體無害，講求健康、天然、無害、安全。目前顏色非常多元，計有黃梔子色素、梔子藍、蘿蔔紅、紅麴色素、梔子紫、梔子橙、梔子棕、梔子綠等，但只要擁有三原色就可以做出不同的複合色，讀者可以自行創造。關於色粉的使用方式，請見P.16 Q6〈如何讓麵團五顏六色〉。常見的色粉計有：

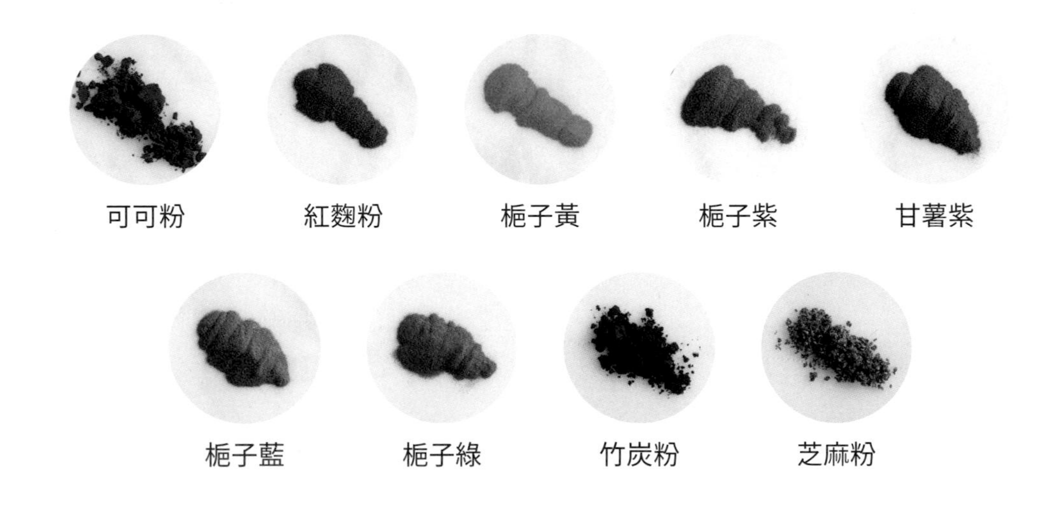

9 Questions
如何讓麵團五顏六色？

運用天然色粉將麵團打造出漂亮的五顏六色，方便我們做各種造型饅頭。要怎麼讓麵團變色？加入色粉有哪些注意事項？

讓麵團五顏六色

材料：
白色麵團、各色色粉

1 將色粉加入白色麵團裡。

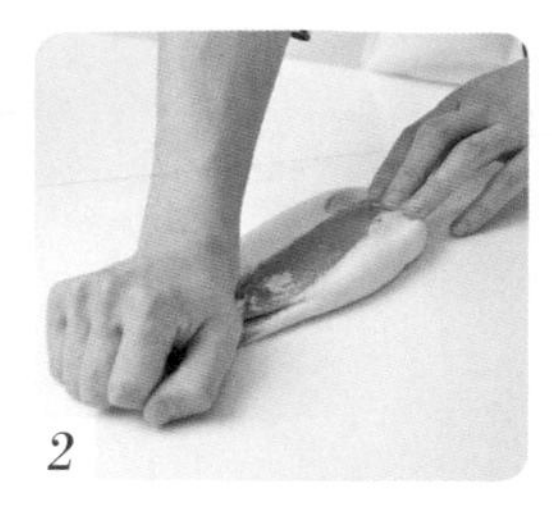

2 以手將粉末揉入麵團中，持續搓揉。

3 搓揉至粉末與麵團混合均勻，且麵團光滑即可。

美姬小叮嚀 竹炭粉、抹茶粉、可可粉不能直接與白色麵團混合，需先與水調成膏狀，再混合至麵團中。直接加入麵團不但容易使麵團變乾，也因粉末較為細緻，而因粉塵飛揚弄髒衣服。

色粉讓麵團顏色更繽紛

紅色系

白色麵團加入不同量的紅麴粉，可以調出深淺的紅色。

紅色麵團

粉紅色麵團

淡粉色麵團

黃色系

白色麵團加入不同量的梔子黃，可以調出深淺的黃色。

黃色麵團

淡黃色麵團

橘色系

白色麵團加入足量的梔子黃，再加入少許的紅麴粉，可以調出橘色。

橘色麵團

紫色系

白色麵團加入不同量的梔子紫／紫地瓜粉，可調出深淺的紫色。

淡紫色麵團

深紫色麵團

藍色系

白色麵團加入不同量的梔子藍，可調出深淺的藍色。

淡藍色麵團

深藍色麵團

綠色系

白色麵團加入不同量的梔子綠／抹茶／菠菜粉，可調出深淺的綠色。

淡綠色麵團

正綠色麵團

深綠色麵團

黑色系

白色麵團加入不同量的竹炭粉／芝麻粉，可調出深淺的灰黑色。

淡灰色麵團

深灰色麵團

淺灰色麵團

黑色麵團

咖啡色系

白色麵團加入不同量的可可粉，可調出深淺的咖啡色。

淡巧克力色麵團

深巧克力色麵團

10 Questions 造型饅頭有哪些基礎手法？

造型饅頭之所以吸引人，無非是它可愛的模樣，小小的一顆饅頭，或圓或方；或高或扁；或線條或小點；或有閃亮亮的眼睛、翹嘟嘟的嘴巴、小小的腳；或有顆愛心、有個蝴蝶結……，只要將這些基本工學好，多加練習，再複雜的造型饅頭都難不倒你！

滾圓

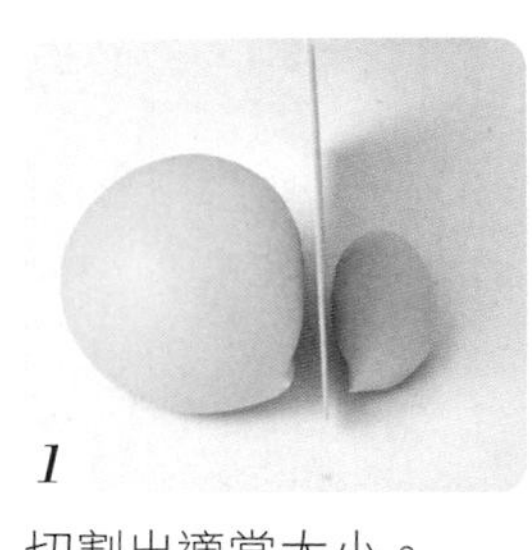

1 切割出適當大小。

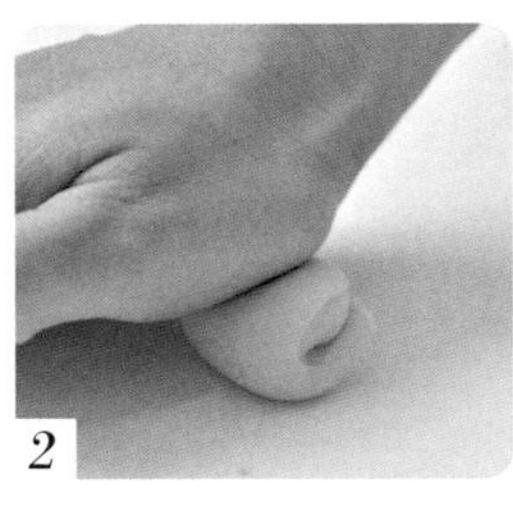

2 用掌托將麵團往後捲起。

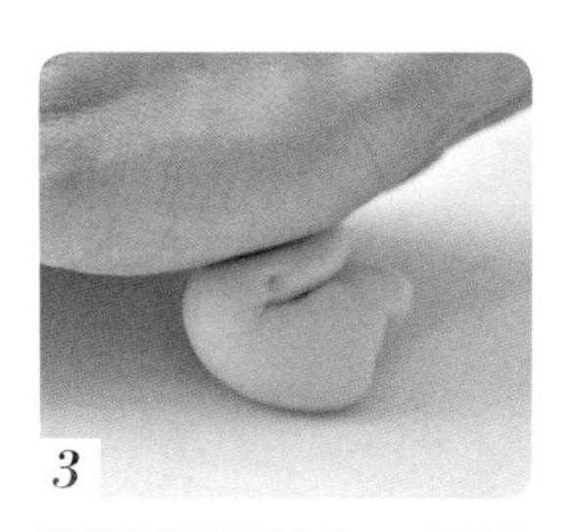

3 麵團捲面朝上，轉90度垂直放好，再由上往下捲起。

4 將捲面朝下。

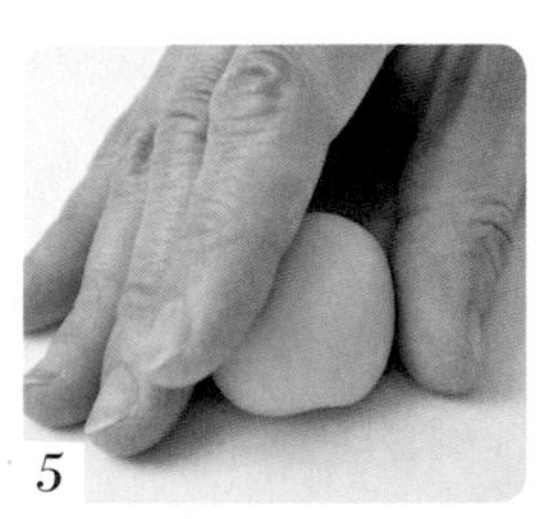

5 麵團前後略微捏一下，拇指與其餘4指做出一個弧度，慢慢將麵團滾圓。

小圓球

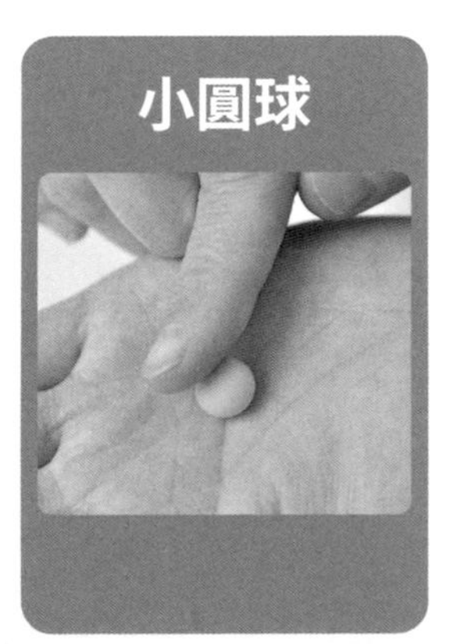

將小麵團放在手心，以另一食指搓揉將其滾成小球狀。

小點點

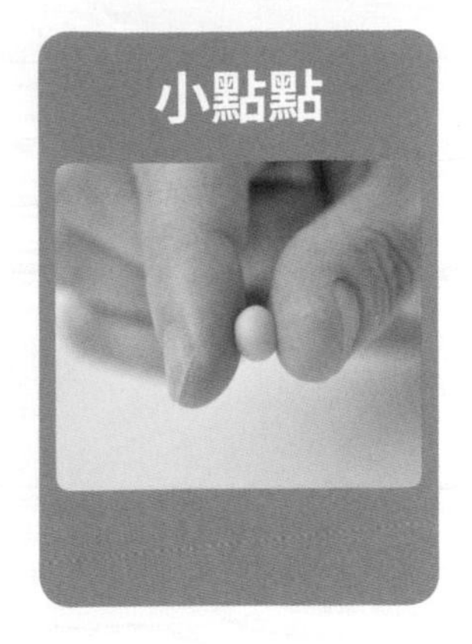

將小麵團放在拇指與食指之間來回旋轉，讓麵團成小點點。通常做眼睛時最常用到這個方式。

圓柱體

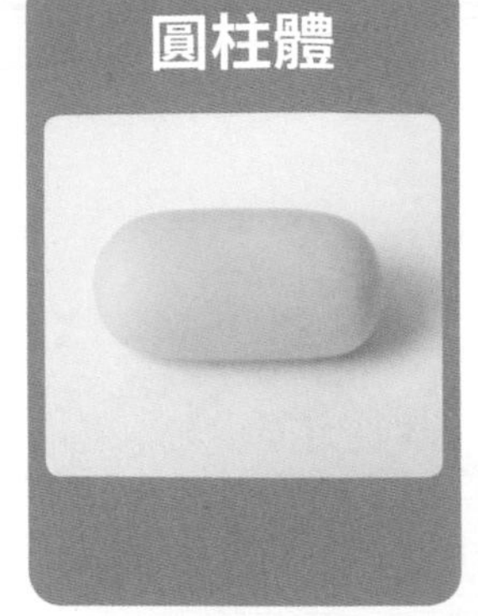

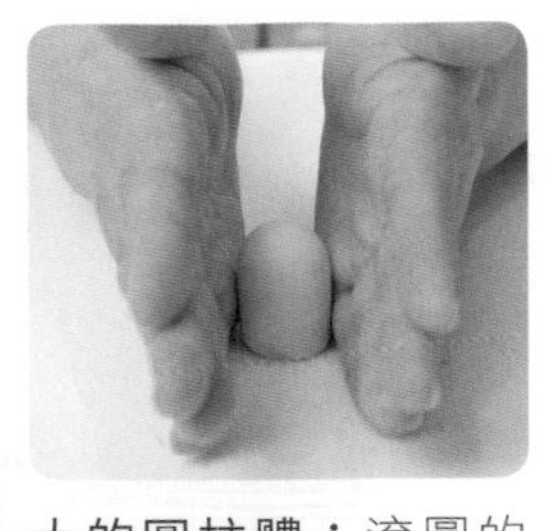

大的圓柱體：滾圓的麵團放在雙手手掌中間，雙手前後搓揉即可。

水滴形

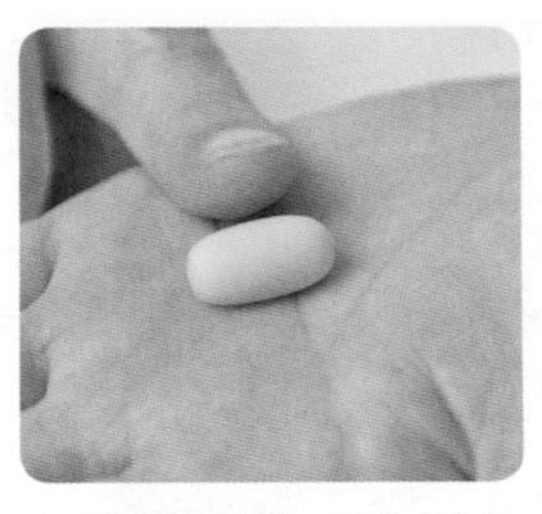

小的圓柱體：滾圓的小麵團，放在手掌中，以另隻手的指尖前後搓揉即可。

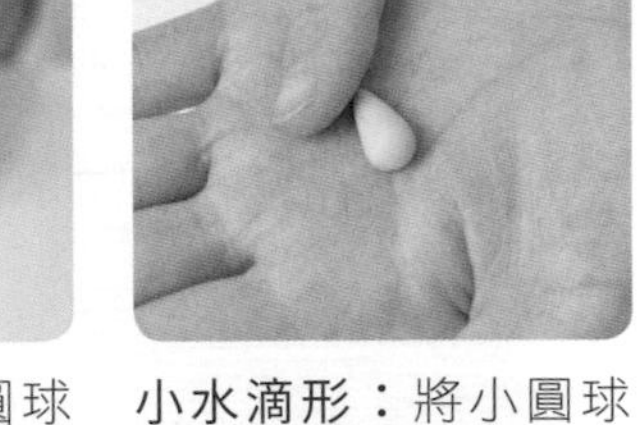

大水滴形：將大圓球放在桌上，掌托壓住圓的一半，前後往下逐漸施力，讓麵團成尖形。

小水滴形：將小圓球放在掌心，用另隻手的食指壓住圓的一半，前後往下逐漸施力，讓麵團成尖形。

橄欖形

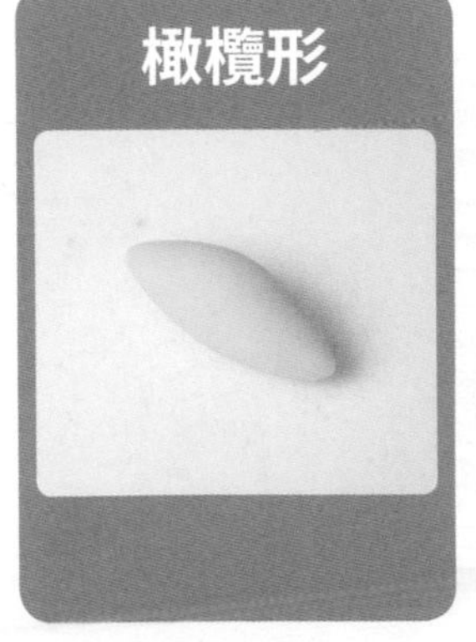

大小橄欖形：將水滴形的另一頭，以相同手法完成，兩頭皆呈尖形即可。

蝴蝶結

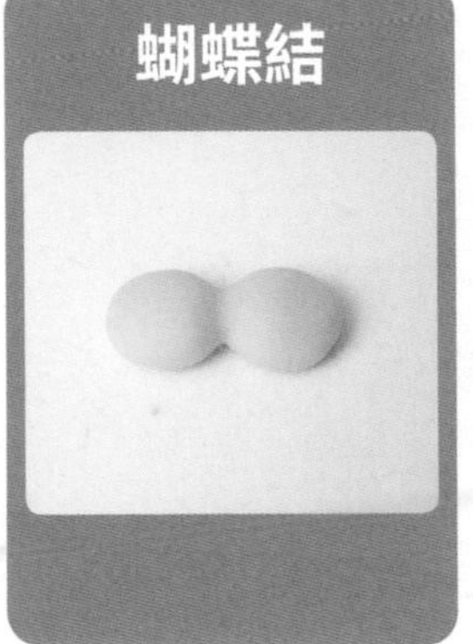

1

將麵團先搓成小圓柱體。

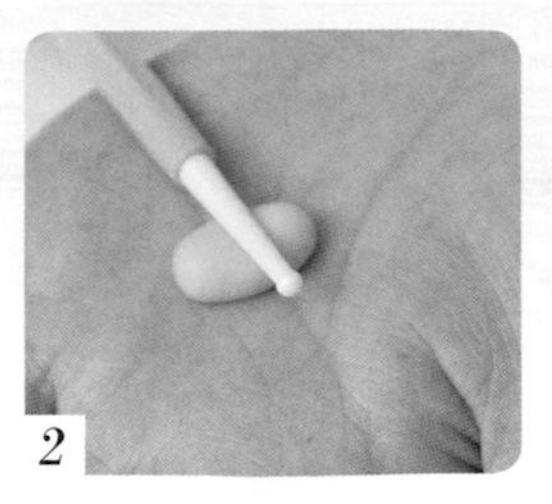

將翻糖工具擺在圓柱體中央。

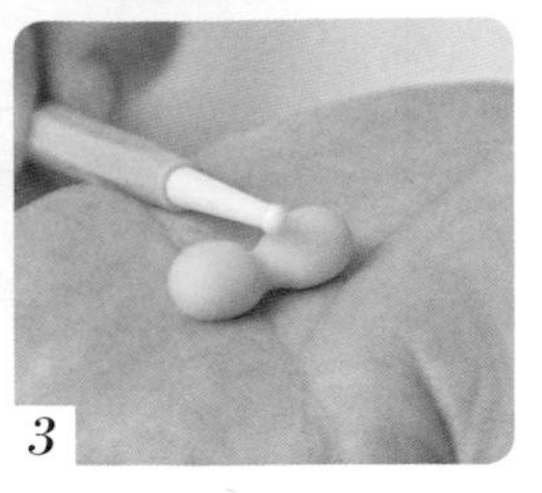

用翻糖工具前後滾動，使麵團的中央變細。

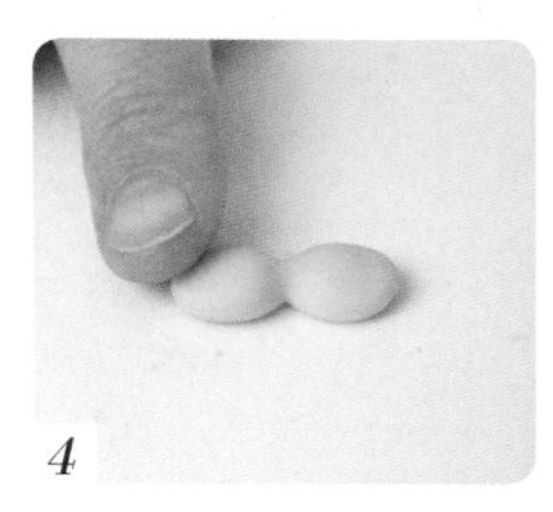

將左右兩頭壓扁。

圓形麵皮

將麵團滾圓。

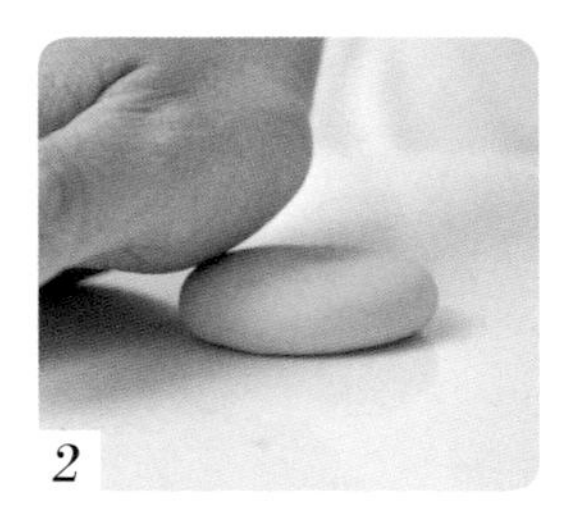

以掌托的力量將麵團略微壓扁。

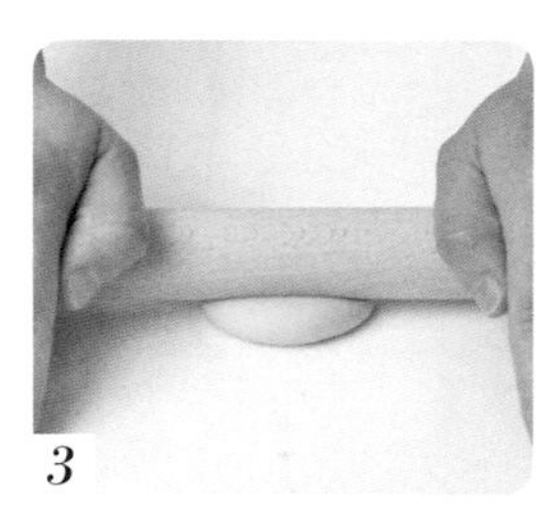

擀麵棍由麵皮的中央往下壓。

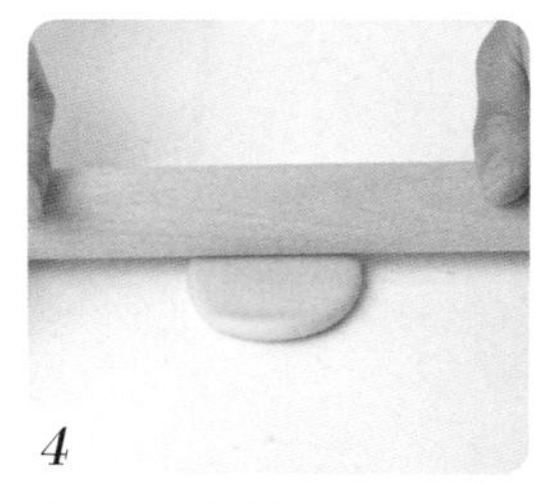

往前往後擀開。

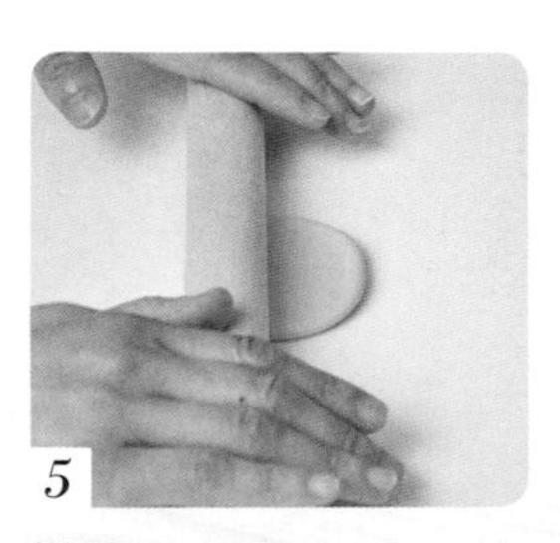

擀麵棍擺直，往左右擀開。

橢圓形麵皮

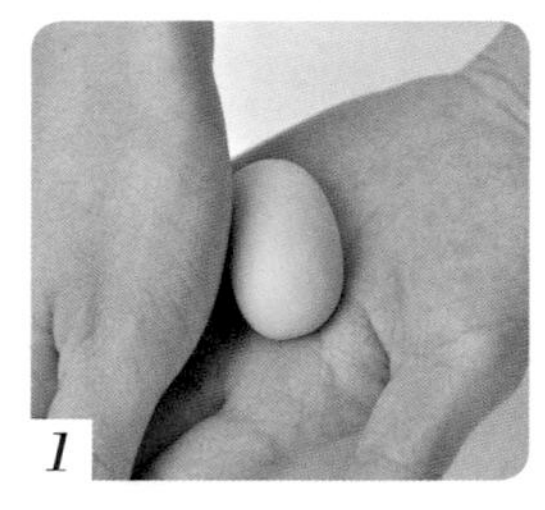

將麵團搓成圓柱體。

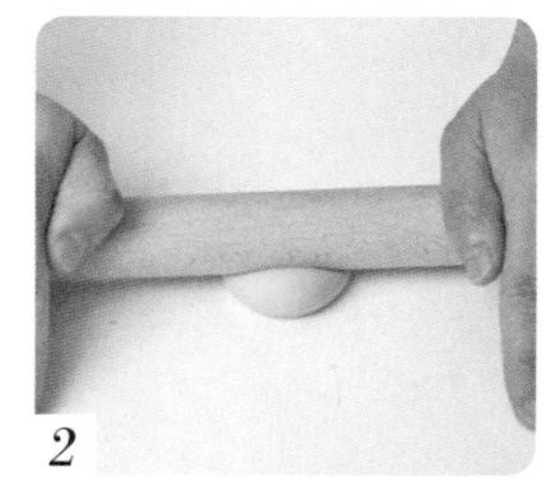

麵團放在工作檯上，擀麵棍由麵皮的中央往下壓。

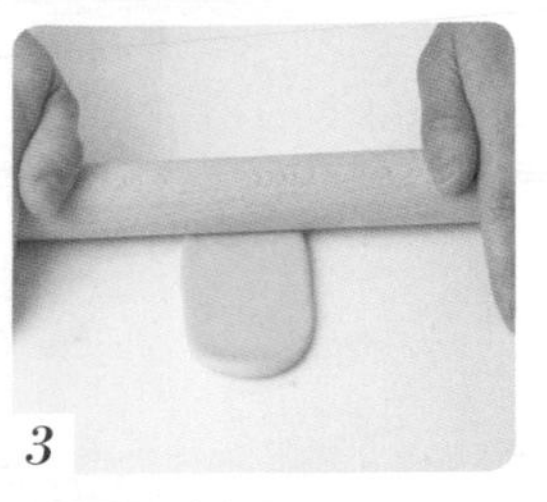
3

往前往後擀開。

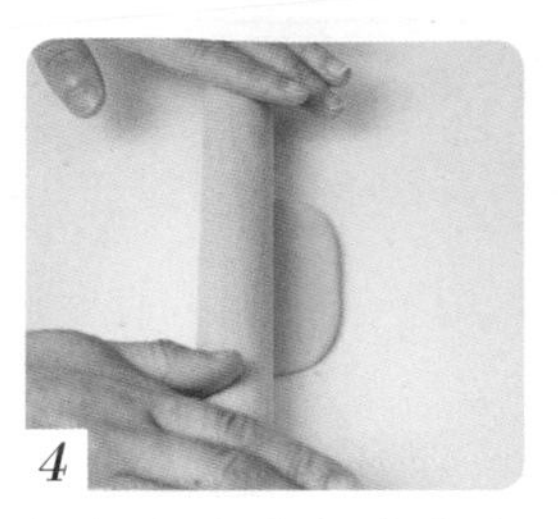
4

換個方向將麵皮左右擀開。

愛心

1

將麵團搓成小圓球。

2

再將小圓球搓成水滴狀。

3

小刀垂直，自麵團寬頭部位往尖頭部位前壓。

利用黑色麵團製作表情

1

竹炭粉先加入少量的水，攪拌均勻成膏狀。

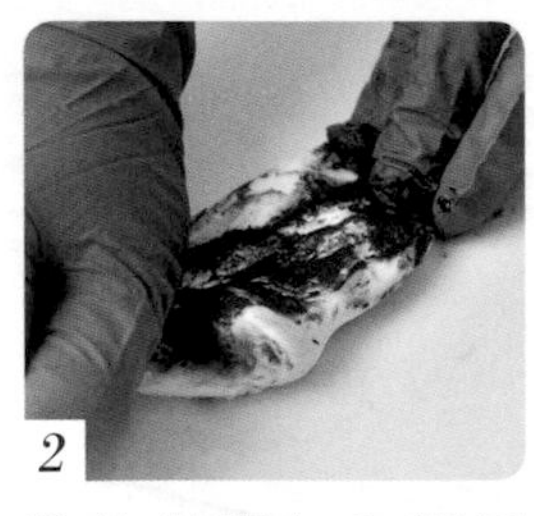
2

將竹炭膏加入麵團中，將麵團與竹炭膏搓揉均勻。

3

搓揉至呈光滑狀即可使用。

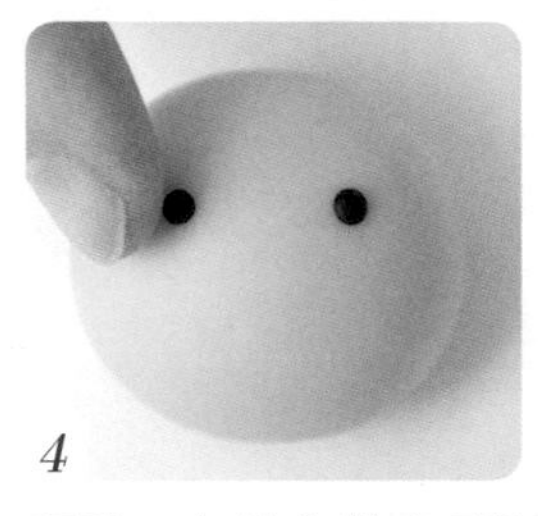
4

眼睛：在掌心做出2顆大小一致的小黑球，黏貼部分沾點水，將小黑球黏貼上去當成眼睛，或是鼻子。

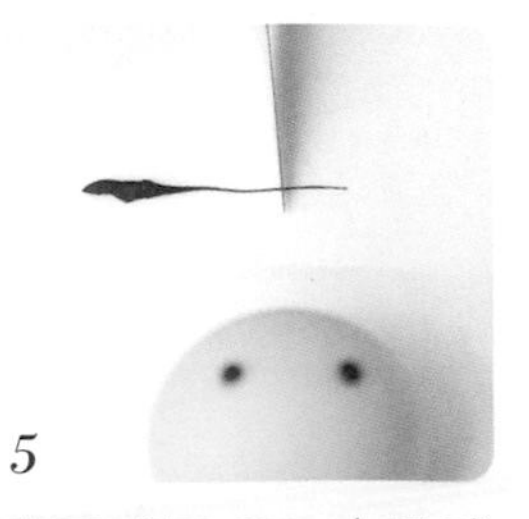
5

嘴巴或眉毛：小黑球放在掌心，用手指慢慢搓長成線條，取中間需要的長短，做成嘴巴、睫毛或眉毛。

11 Questions
饅頭發酵有什麼秘訣？

發酵是立體造型饅頭成功與否的重要關鍵，很多人無法判斷是否發酵完成，導致成品不是塌陷就是乾扁，美姬老師經過數萬顆成功失敗的造型饅頭洗禮，摸索出一些發酵的小訣竅，分享給大家。

1 不論用手揉或機器代勞，麵團一定要揉到光滑。

2 麵團揉好後，要盡快完成饅頭造型，因為在製作過程中，麵團仍不斷發酵，若等發酵完成後，製作造型時按壓的地方會出現凹洞，無法做出成功的作品，因此要在「發酵完成前」做完造型。

3 做好一顆顆造型饅頭後，先將鍋中水溫加熱到50℃左右。將蒸籠放於鍋子上方，鍋蓋保留一指寬的縫隙，利用鍋中的餘溫發酵，夏天時間約20分鐘，冬天需延長時間，發酵到體積1.5～2倍大，按下去慢速回彈即可開火蒸煮。

12 Questions
蒸饅頭有那些小技巧？

好不容易做好美美的造型饅頭，卻失敗在蒸煮的過程，會讓人非常傷心。別擔心，美姬老師告訴你一些蒸煮的小技巧，每次蒸煮時都特別注意是否注意到這些小細節，一定很容易就能蒸出漂亮的小饅頭！

❤ 鍋子的選擇

鐵鍋請選擇鍋底較深的鍋子，避免火力太接近饅頭，變成不是蒸饅頭而是烤饅頭。

❤ 水的選擇

一般人通常以自來水直接蒸，但自來水中含有大量氯，經過高溫蒸發會釋放「三鹵甲烷」，饅頭會吸收水蒸氣，為了守護家人的健康，因此建議大家使用過濾後的水來蒸饅頭。

❤ 水溫請特別注意

使用發酵後鍋內自然降溫的水起蒸，加熱的過程也是饅頭發酵成長的過程。

❤ 水量的比例

請保持適當水量，不需要過多，但也不能蒸煮時間還沒到就燒乾，建議 2~3 公分的水位。

❤ 蒸籠距離水面的位置

蒸籠請勿太接近水面，保持水蒸氣有向上升騰的空間。

❤ 火力的大小

請視家中瓦斯爐火力靈活調整，建議以中火蒸煮。

❤ 鍋蓋的保護

使用竹製蒸籠透氣性佳，基本上不會有滴水的問題，但金屬蒸籠則會有很嚴重的滴水狀況，請務必在鍋蓋綁一條「粿巾」，防止水滴到饅頭造成凹洞。

Tips：蒸之前請將粿巾折出一角，製造出一個天然的透氣孔，讓適當的蒸氣抒發在外。

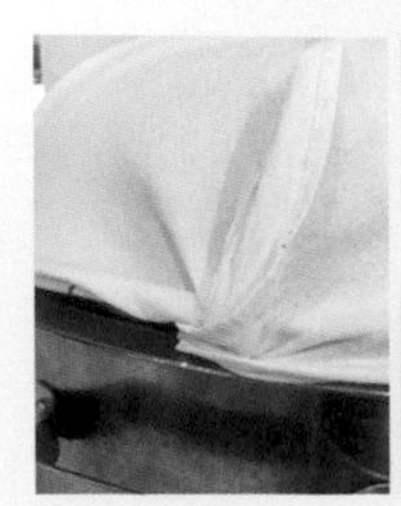

❤ 蒸煮

書中所介紹的各種大小饅頭，蒸煮時間為鍋子冒出蒸氣後蒸 8 分鐘，若擔心不熟，可多蒸 2 分鐘。

❤ 開蓋

熄火後請停留 2 分鐘再開蓋，這個時間讓內外溫差接近，打開鍋蓋時請勿向上揚起開蓋，正確方法是水平移動，先開一點小縫隙，再慢慢拉開。

❤ 成品

蒸好的饅頭要馬上取出，防止蒸籠底部的水將饅頭浸濕。

❤ 保存

放涼的立體饅頭，可獨立包裝後放入冰箱，冷藏可以保存三天；冷凍則可保存一個月。

Tips：每一顆可愛的立體造型饅頭請獨立包裝，千萬不要像傳統饅頭塞整袋，很容易把造型壓壞喔！而且蒸好放涼之後要趕快包裝，不能置放在冷氣房裡吹冷氣，否則饅頭的表皮會龜裂（如圖）哦！

13 Questions
為什麼饅頭回蒸會「消風」了？

一顆原本白白胖胖的可愛小饅頭，再次加熱後卻「消風」變成小惡魔。小饅頭第二輪的人生究竟發生了什麼怪事？

以下為回蒸時，容易發生問題的地方：

1 火力太大，導致水蒸氣過多。
2 鍋蓋沒有留縫隙，饅頭吸水過度。
3 鍋蓋滴水，饅頭被水打濕。
4 回蒸好後沒有燜，直接開蓋。
5 回蒸後開蓋速度過快。

14 Questions
回蒸饅頭這樣做，蒸前蒸後一樣美！

為了讓回蒸的饅頭還是保持美美的模樣，美姬老師特別告訴大家有哪些調整方式：

1 鍋子水量在不燒乾的前提下盡量減少。
2 火力調整為小火。
3 鍋蓋用厚的棉布包裹起來。
4 鍋蓋夾一隻筷子透氣。
5 蒸熱後燜2分鐘。
6 慢速開蓋，以防止開蓋瞬間帶入大量冷空氣。

如果以上方法都做足工夫依舊回縮，那就是麵團本身結構的問題，有可能是製作時麵團水分的比例過高或是發酵過頭，而導致饅頭再加熱時的回縮問題。想要徹底解決這些問題，就一定要減少配方中的水分比例及控管好發酵狀態。

提供正確回蒸饅頭的方法（以50克以內的饅頭示範）：

1 鍋中加入約2公分高的水量。
2 冷凍饅頭不要解凍。
3 直接放入蒸籠從冷水開始蒸起。
4 鍋蓋用厚的棉布包好。
5 蓋好鍋蓋後在鍋蓋下方插入一隻筷子透氣。
6 待蒸氣從筷子邊緣飄出後計時8分鐘。
7 時間到後關火燜2分鐘。
8 開蓋時先抽掉筷子。
9 水平移開鍋蓋（勿掀起，會滴水喔！）。

一口小饅頭
初階班

初階班的一口小饅頭，非常簡單。
只要會滾圓，再加上 2 ～ 3 個製作的步驟，
就可以做出可愛又好吃的小饅頭囉！

三色糰子

柔和的顏色、軟綿的口感，
一口咬下，是幸福的味道！

材料（1串）

- 白色、粉色、綠色麵團各5克、糖果紙棒數根

做法 ▸ *Step by Step*

麵團

依P.16「可以用手揉製作饅頭麵團嗎？」、P.18「如何運用攪拌機製作饅頭麵團？」，做出完美的饅頭麵團。

b 調色&分割

依P.20「如何讓麵團五顏六色」，完成白色、粉色及綠色麵團調色，並將各色麵團分割成每5克一顆。

c 造型

1 將所有麵團搓圓，略微推高。

2 糖果棒以旋轉的方式，將麵團串在一起。

發酵&蒸煮

蒸鍋中放水，加熱到50℃左右熄火，成品置於鍋中蓋上鍋蓋保留1公分空隙進行發酵，待發酵至原本的1.5倍大，觸摸起來像棉花糖般柔軟有彈性。開中火蒸煮，待水沸騰冒出蒸汽後計時8分鐘關火，再燜2分鐘後再慢慢開蓋。

美姬小撇步

＊麵團與麵團串在一起時，中間的距離要拉大至少一顆丸子的寬度，以免蒸的時候黏在一起。
＊要將麵團推高，使用棒子串時才不會扁掉。

Mushroom

蘑菇娃娃

小小的饅頭有著一股魔力，
他笑，你也笑！

材料（1只）

- 淺橘色麵團10克、淡黃色麵團4克、白色麵團少許、竹炭粉少許、紅麴粉少許

做法 ▸ *Step by Step*

a 麵團&調色&分割

依P.32「三色糰子」步驟a，完成饅頭麵團；依P.20「如何讓麵團五顏六色」，完成淺橘色及淡黃色麵團調色，再將調好色的麵團分割成淺橘色10克×1、淡黃色麵團 4 克× 1 、白色麵團少許。

b 造型

1

將10克淺橘色麵團滾圓，當作蘑菇頭。

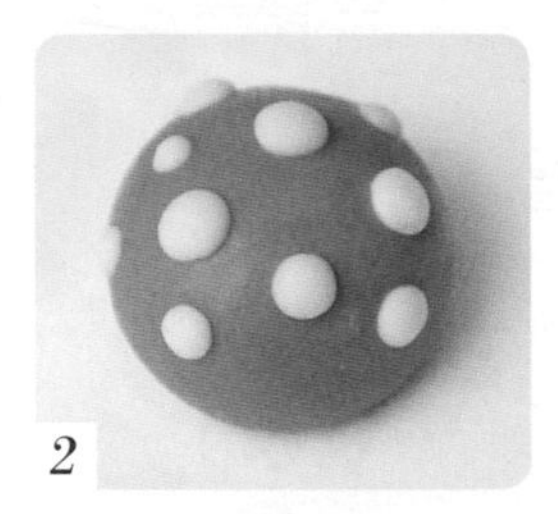

2

將白色麵團搓出幾顆大小不一的小圓，黏貼在蘑菇上面略微壓扁，當作斑點。

3

將4克淡黃色麵團滾圓，搓成上小下大的煙囪形。

c 裝飾

竹炭粉與紅麴粉分別與水調勻，彩繪蘑菇娃娃的表情和腮紅，完成作品。

d 發酵&蒸煮

蒸鍋中放水，加熱到50℃左右熄火，成品置於鍋中蓋上鍋蓋保留1公分空隙進行發酵，待發酵至原本的1.5倍大，觸摸起來像棉花糖般柔軟有彈性。開中火蒸煮，待水沸騰冒出蒸汽後計時8分鐘關火，再焖2分鐘後再慢慢開蓋。

美姬小撇步

✻記得蒸完才能組合在一起，否則蘑菇頭會掉落變形。

Lmitation Potato

擬真馬鈴薯

裹上了可可粉、以假亂真的造型，
就算被騙也能讓人哈哈大笑！

材料（1只）

- 白色麵團21克、可可粉適量

做法▸ *Step by Step*

麵團

依P.16「可以用手揉製作饅頭麵團嗎？」、P.18「如何運用攪拌機製作饅頭麵團？」，做出完美的饅頭麵團。

---

b

造型

1

將20克白色麵團滾圓後略微推高，捏出不規則形狀。

2

可可粉倒入碗中，將麵團滾上一層可可粉。

3

利用翻糖工具刺出幾個小洞。

裝飾

取少許白色麵團搓出細線，戳進馬鈴薯身上，做出發芽的效果。

---

d

發酵&蒸煮

蒸鍋中放水，加熱到50℃左右熄火，成品置於鍋中蓋上鍋蓋保留1公分空隙進行發酵，待發酵至原本的1.5倍大，觸摸起來像棉花糖般柔軟有彈性。開中火蒸煮，待水沸騰冒出蒸汽後計時8分鐘關火，再燜2分鐘後再慢慢開蓋。

美姬小撇步

❊滾可可粉前要確保麵團表面濕潤，如果表皮過於乾燥，可以噴上一些水。

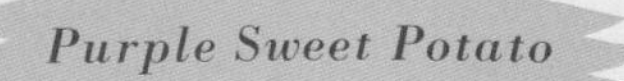

綿綿紫地瓜

地瓜的品種眾多，
偏愛這種紫色外皮的紫甘薯。
色香味美，擺盤上菜大大加分。

材料（1只）

- 紫色麵團20克、紫薯粉少許

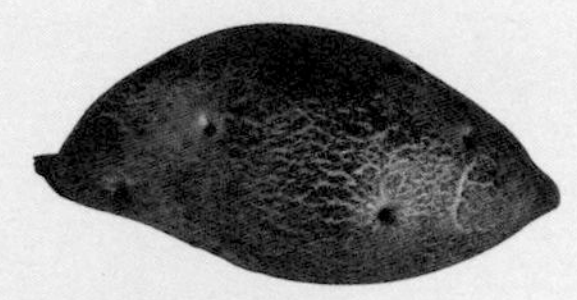

做法▸ *Step by Step*

a 麵團

依P.16「可以用手揉製作饅頭麵團嗎？」、P.18「如何運用攪拌機製作饅頭麵團？」，做出完美的饅頭麵團。

b 調色&分割

依P.20「如何讓麵團五顏六色」，完成紫色麵團調色，並分割成20克×1。

c 造型

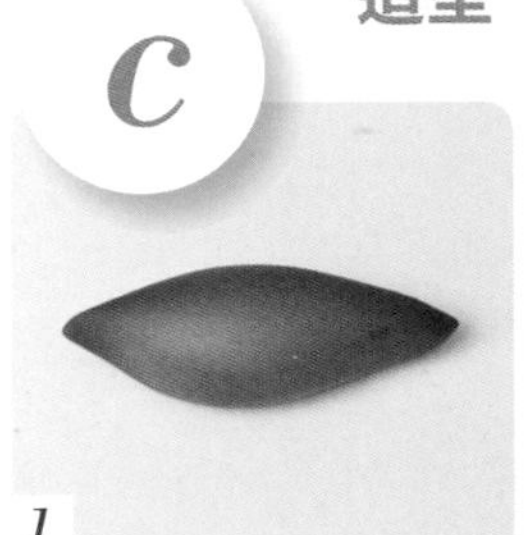

1 將20克紫色麵團滾圓後略微推高，捏出兩頭尖的地瓜外形。

2 將紫薯粉倒入碗中，麵團滾上一層紫薯粉。

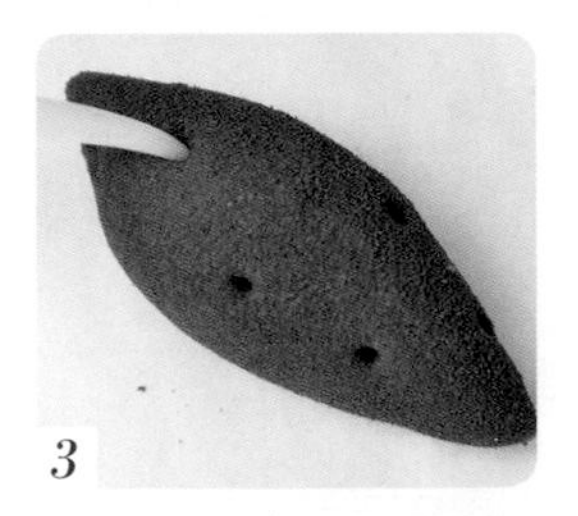

3 用翻糖工具刺出幾個小洞，做出紫薯身上凹洞自然的感覺。

d 發酵&蒸煮

蒸鍋中放水，加熱到50℃左右熄火，成品置於鍋中蓋上鍋蓋保留1公分空隙進行發酵，待發酵至原本的1.5倍大，觸摸起來像棉花糖般柔軟有彈性。開中火蒸煮，待水沸騰冒出蒸汽後計時8分鐘關火，再焖2分鐘後再慢慢開蓋。

美姬小撇步

✻滾紫薯粉之前要確保麵團表面濕潤，如果表皮過於乾燥，可以噴上一些水。

Mini Donut

甜甜圈在一起

當我們甜甜圈在一起，
低糖分，其快樂無比！

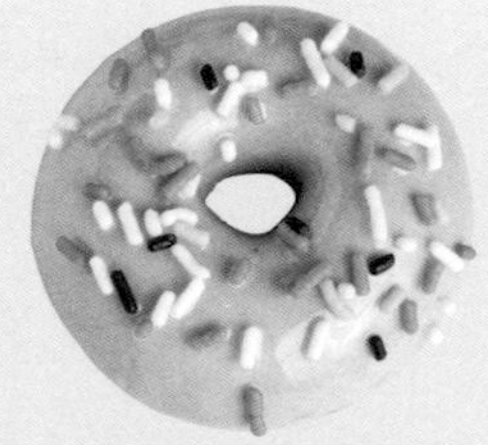

材料（1個）

- 巧克力麵團20克、煉乳少許、巧克力米少許

做法 ▸ *Step by Step*

麵團&調色&分割

依P.32「三色糰子」步驟a，完成饅頭麵團；依P.20「如何讓麵團五顏六色」，完成巧克力色麵團調色，並分割成巧克力色20克×1。

b

造型

1

將巧克力麵團搓圓後推高。

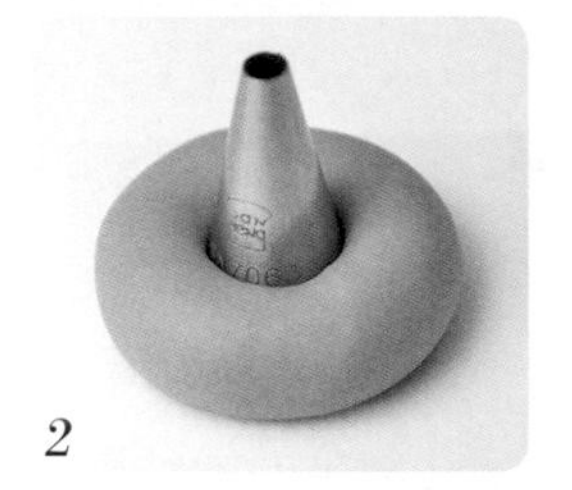

2

用擠花嘴從中間慢慢壓出一個小洞。

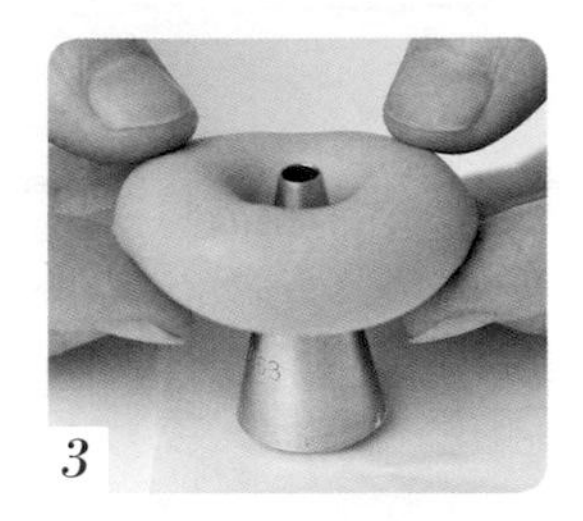

3

將麵團由下往上取出，完成造型。

發酵&蒸煮

蒸鍋中放水，加熱到50℃左右熄火，成品置於鍋中蓋上鍋蓋保留1公分空隙進行發酵，待發酵至原本的1.5倍大，觸摸起來像棉花糖般柔軟有彈性。開中火蒸煮，待水沸騰冒出蒸汽後計時8分鐘關火，再燜2分鐘後再慢慢開蓋。

d

裝飾

蒸熟後，抹上煉乳，撒上巧克力米。

美姬小撇步

- 甜甜圈的高度要略微推高，這樣做出的造型比較有立體感。
- 除了巧克力粉，也可用各種顏色的色粉製作麵團，做出彩虹般的甜甜圈。

Double Eggs Hamburger

雙蛋小刈包

帶著早餐去上班，裡面夾個煎蛋，
就是雙蛋，營養加倍！

材料（1只）

- 白色麵團30克、黃色麵團3克、竹炭粉少許

做法 ▸ *Step by Step*

a 麵團&調色&分割

依P.32「三色糰子」步驟a，完成饅頭麵團；依P.20「如何讓麵團五顏六色」，完成黃色麵團調色，並分割成白色麵團30克×1、黃色麵團3克×1。

b 造型

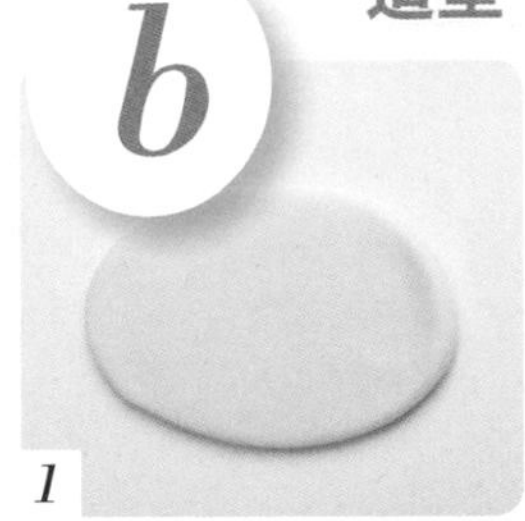

1

將30克白色麵團搓圓後，擀成橢圓形麵片。

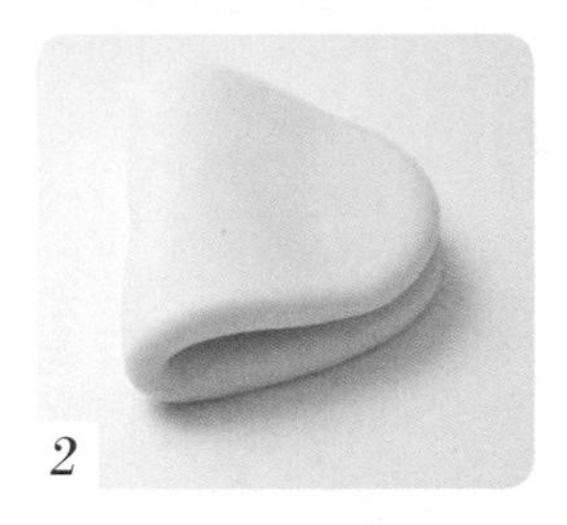

2

將橢圓形麵片翻面，刷上一層沙拉油，上下對折。

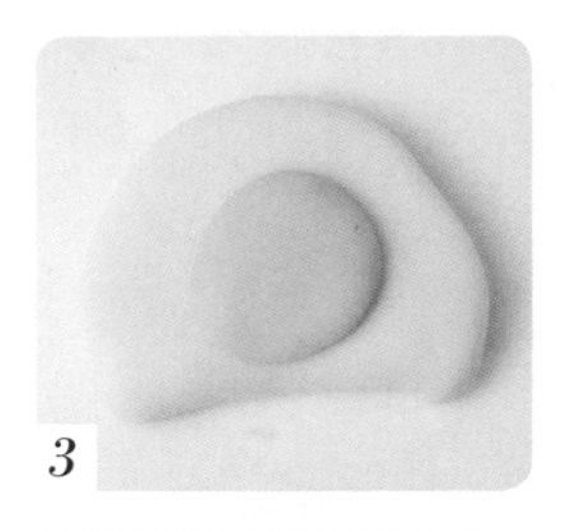

3

將3克黃色麵團搓圓，置於饅頭紙上壓扁，再黏貼在刈包上。

c 裝飾

竹炭粉加水混勻，在蛋黃表面畫上表情，做出可愛模樣。

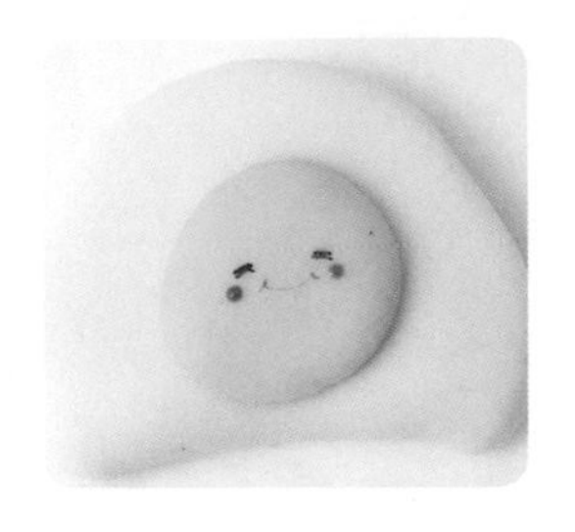

d 發酵&蒸煮

蒸鍋中放水，加熱到50℃左右熄火，成品置於鍋中蓋上鍋蓋保留1公分空隙進行發酵，待發酵至原本的1.5倍大，觸摸起來像棉花糖般柔軟有彈性。開中火蒸煮，待水沸騰冒出蒸汽後計時8分鐘關火，再燜2分鐘後再慢慢開蓋。

美姬小撇步

❄蛋白的形狀不需要太規則，讓外形更自然。

Fish Plate

Q彈魚板

素食無添加的魚板，
「吃菜」ㄟ阿嬤的最愛！

材料（1條）

- 白色麵團60克、紅色麵團50克

做法▸ Step by Step

麵團

依P.16「可以用手揉製作饅頭麵團嗎？」、P.18「如何運用攪拌機製作饅頭麵團？」，做出完美的饅頭麵團。

b 調色&分割

依P.20「如何讓麵團五顏六色」，完成白色及紅色麵團調色，並將調好色的麵團分割成白色麵團60克、紅色麵團50克。

c 造型

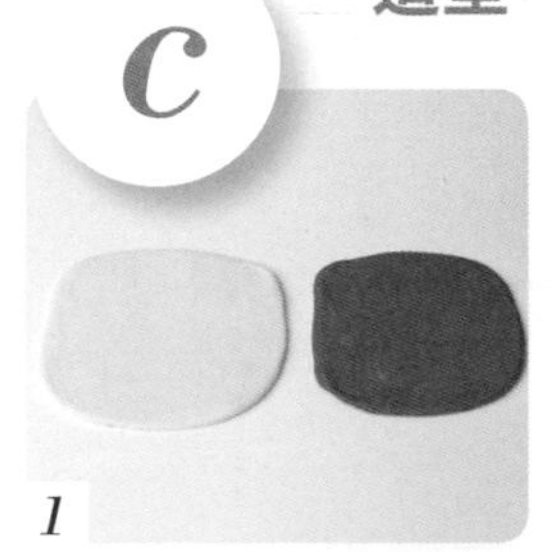

1

將60克白色麵團及50克紅色麵團分別滾圓，再擀成正方形麵皮，白色要略大一點。

2

白色麵皮翻面，將紅色麵皮鋪在白色麵皮上方，密實地捲起，封口處上少許水分，黏合起來。

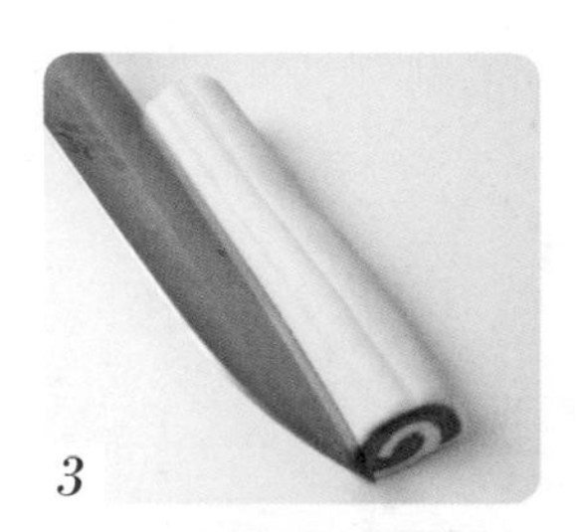

3

切出頭尾不規則的麵團；再用刀子壓出表面的波浪紋。

d 發酵&蒸煮

蒸鍋中放水，加熱到50℃左右熄火，成品置於鍋中蓋上鍋蓋保留1公分空隙進行發酵，待發酵至原本的1.5倍大，觸摸起來像棉花糖般柔軟有彈性。開中火蒸煮，待水沸騰冒出蒸汽後計時8分鐘關火，再燜2分鐘後再慢慢開蓋。

美姬小撇步

✻蒸熟後再切出自己喜歡的厚度。

✻切出頭尾不規則麵團時切勿下壓，要用鋸開的方式才不會破壞魚板外形。

Little Apple

紅通通小蘋果

咬一口！咦！怎麼不是脆的？
好軟綿的小蘋果喲！

材料（1顆）

- 白色麵團20克、咖啡色麵團少許、紅麴粉適量

做法 ▸ *Step by Step*

a 麵團

依P.16「可以用手揉製作饅頭麵團嗎？」、P.18「如何運用攪拌機製作饅頭麵團？」，做出完美的饅頭麵團。

---

b 調色&分割

依P.20「如何讓麵團五顏六色」，完成白色及咖啡色麵團調色，並將調好色的麵團分割成白色20克×1、咖啡色麵團少許。

造型

1

將20克白色麵團滾圓後，推成蘑菇頭的樣子，用翻糖工具在頂端做個凹洞。

2

紅麴粉加水調出較濃的顏料，用刷子刷滿整顆蘋果。

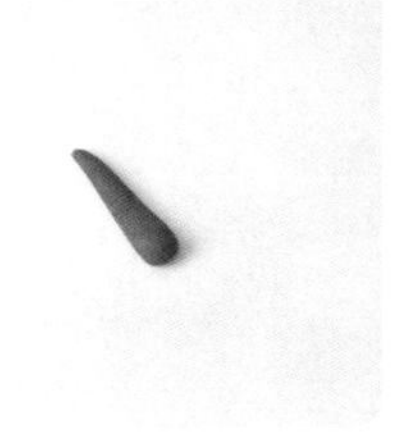

3

取咖啡色麵團，搓出較長的水滴形，當成蘋果梗。

---

d

發酵&蒸煮

蒸鍋中放水，加熱到50℃左右熄火，成品置於鍋中蓋上鍋蓋保留1公分空隙進行發酵，待發酵至原本的1.5倍大，觸摸起來像棉花糖般柔軟有彈性。開中火蒸煮，待水沸騰冒出蒸汽後計時8分鐘關火，再燜2分鐘後再慢慢開蓋。

---

e

裝飾

蒸好後，趁熱將身體及梗組合在一起，就會黏住。

美姬小撇步

* 蘋果的高度要略微推高，才會有立體感。
* 梗不能先黏到蘋果身體上再發酵，如果先黏上再發酵，梗的部分容易在發酵過程中歪掉。
* 顏色沒有塗勻也沒有關係，反而像蘋果的迎光面及背光面。

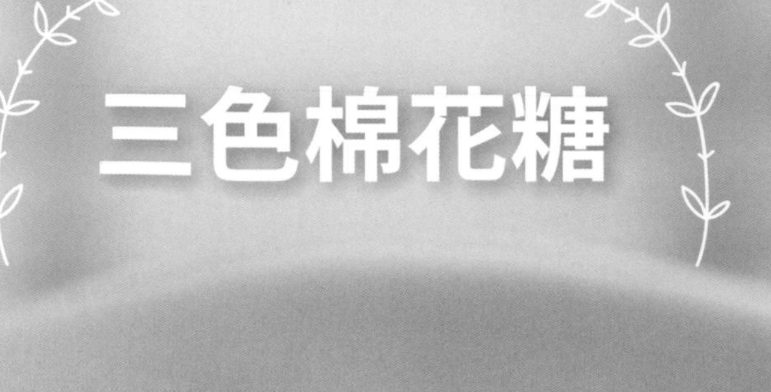

三色棉花糖

做法請見下一頁！

三色棉花糖

軟軟QQ，愛吃幾顆媽媽都同意！
還可以黏上甜甜的果醬來吃，
Yammy！好幸福啊！

材料（約9塊）

- 淡粉色、白色及淡黃色麵團各20克、糖果紙棒數根

做法 ▸ *Step by Step*

麵團

依P.16「可以用手揉製作饅頭麵團嗎？」、P.18「如何運用攪拌機製作饅頭麵團？」，做出完美的饅頭麵團。

---

b

調色&分割

依P.20「如何讓麵團五顏六色」，完成淡粉色、白色及淡黃色麵團調色，並將麵團分割成淡粉色、白色及淡黃色麵團各20克。

造型

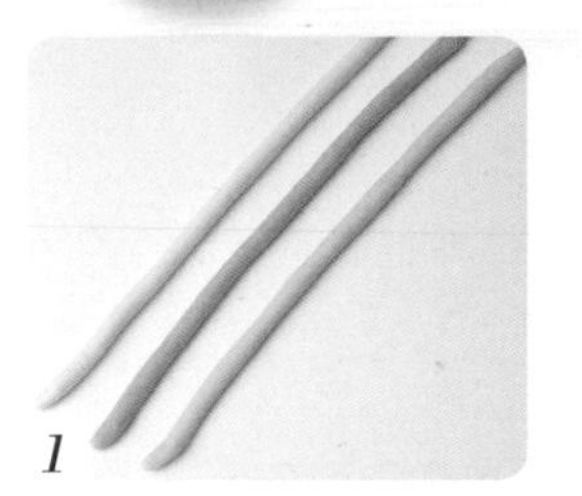

1

將所有顏色的麵團搓圓，再搓成長約25公分的粗細均勻線條。

2

將三色麵條拼在一起，雙手壓住麵條兩端，兩端以不同方向旋轉，擰出緊實麻繩狀。

3

輕輕滾動麵條，讓花紋黏合在一起，再用刀子切成小段。

裝飾

加上糖果棒就很有童趣，塞入糖果棒時，要用旋轉的方式，將棒棍塞入，才不易破壞形狀。

發酵&蒸煮

蒸鍋中放水，加熱到50℃左右熄火，成品置於鍋中蓋上鍋蓋保留1公分空隙進行發酵，待發酵至原本的1.5倍大，觸摸起來像棉花糖般柔軟有彈性。開中火蒸煮，待水沸騰冒出蒸汽後計時8分鐘關火，再燜2分鐘後再慢慢開蓋。

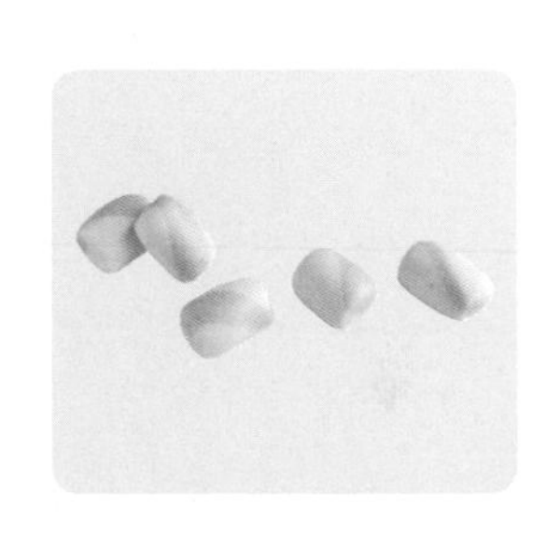

美姬小撇步

❇切割時切勿下壓，而是要用鋸開的方式，才不會破壞棉花糖的花紋。

Good Mood Everyday

每日好心情

你今天過得還好嗎？
我們無法掌控天氣，但總可以改變心情。
吃完小饅頭，別忘了帶著笑臉出門！

材料（1個）

- 黃色麵團21克、黑色麵團少許、紅麴粉少許

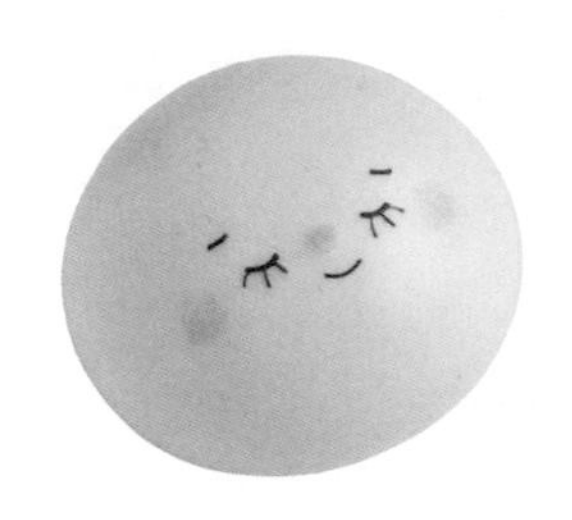

做法▸ *Step by Step*

麵團

依P.16「可以用手揉製作饅頭麵團嗎？」、P.18「如何運用攪拌機製作饅頭麵團？」，做出完美的饅頭麵團。

b

調色&分割

依P.20「如何讓麵團五顏六色」，完成黃色及黑色麵團調色，再將調好色的麵團分割成黃色麵團20克×1、1克×1；黑色麵團少許。

造型

1

將20克黃色麵團滾圓。

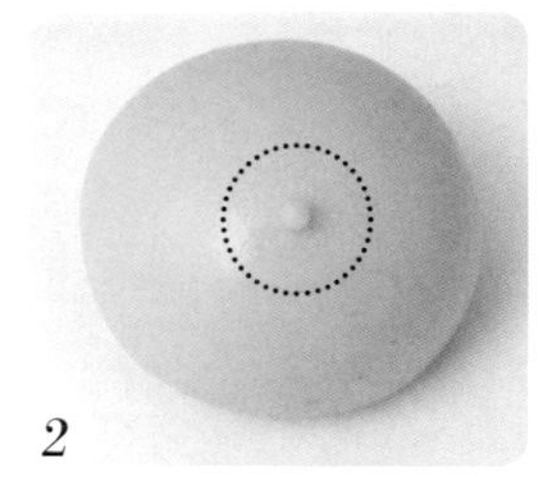

2

將1克黃色麵團滾圓，取1顆綠豆大小做鼻子，黏貼在正中央。

3

取少許黑色麵團搓出小點及線條，做出眼睛、眉毛及嘴巴。

裝飾

將紅麴粉調成粉紅色，在臉部畫上腮紅，完成作品。

發酵&蒸煮

蒸鍋中放水，加熱到50℃左右熄火，成品置於鍋中蓋上鍋蓋保留1公分空隙進行發酵，待發酵至原本的1.5倍大，觸摸起來像棉花糖般柔軟有彈性。開中火蒸煮，待水沸騰冒出蒸汽後計時8分鐘關火，再燜2分鐘後再慢慢開蓋。

美姬小撇步

❇ 可利用不同的線條組合，做出各種笑臉的表情！

迷你南瓜

做法請見下一頁！

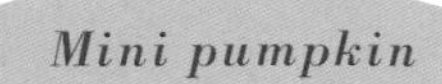

可愛的小南瓜，怎麼做都可愛！
發揮你的創意，做出自己的造型！

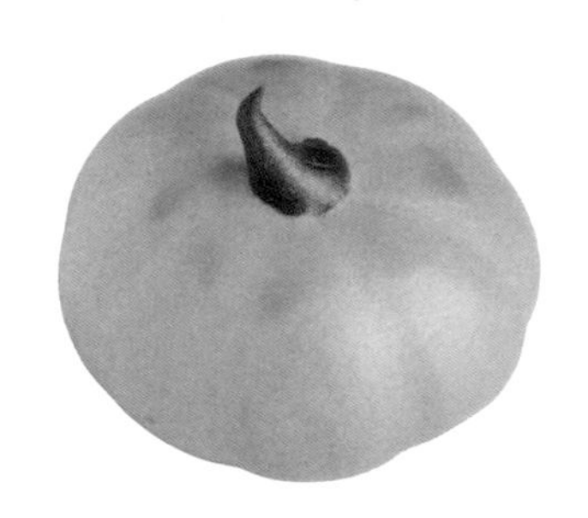

材料（1顆）

- 橘色麵團20克、咖啡色麵團少許、橘色色粉少許

做法▸ *Step by Step*

麵團

依P.16「可以用手揉製作饅頭麵團嗎？」、P.18「如何運用攪拌機製作饅頭麵團？」，做出完美的饅頭麵團。

---

b

調色&分割

依P.20「如何讓麵團五顏六色」，完成橘色及咖啡色麵團調色，並將調好色的麵團分割成橘色20克×1、咖啡色麵團少許。

造型

1 將20克橘色麵團滾圓後略微推高，當成南瓜身體。

2 用剪刀在南瓜外觀剪出壓痕，做出南瓜外觀紋路。

3 用翻糖工具在頂端壓出凹洞，取咖啡色麵團搓成水滴形，黏貼在南瓜的頂端。

---

d

裝飾

用橘色色粉加水調勻，彩繪出南瓜的立體感。

發酵&蒸煮

蒸鍋中放水，加熱到50℃左右熄火，成品置於鍋中蓋上鍋蓋保留1公分空隙進行發酵，待發酵至原本的1.5倍大，觸摸起來像棉花糖般柔軟有彈性。開中火蒸煮，待水沸騰冒出蒸汽後計時8分鐘關火，再燜2分鐘後再慢慢開蓋。

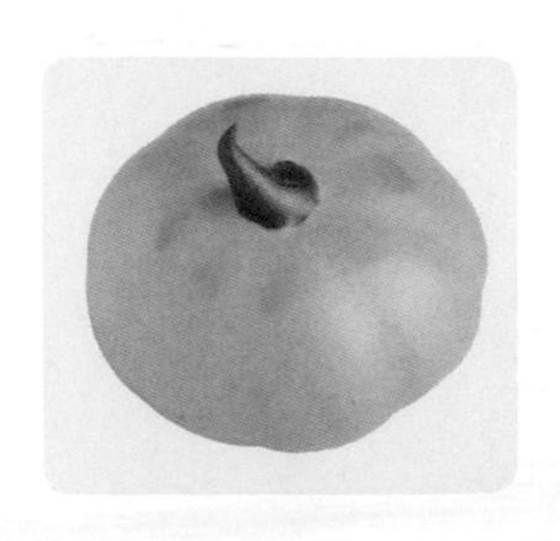

美姬小撇步

- 不要選擇過於鋒利的剪刀，同時剪的時候不要太用力，以免將麵皮剪破。
- 除了上面的造型外，也可以利用顏料或剩餘的咖啡色麵團，再做些創意造型。

Cat Claw

喵喵小貓爪

喵～喵～貓爪來襲，
貓奴請小心！

材料（1只）

- 白色麵團20克、粉色麵團3克、粉橘色麵團3克

做法 ▸ *Step by Step*

麵團

依P.16「可以用手揉製作饅頭麵團嗎？」、P.18「如何運用攪拌機製作饅頭麵團？」，做出完美的饅頭麵團。

---

b 調色&分割

依P.20「如何讓麵團五顏六色」，完成白色、粉色、粉橘色麵團調色，並分割成白色麵團20克×1；粉色麵團1克×1、紅豆大小×4；粉橘色3克×1。

c 造型

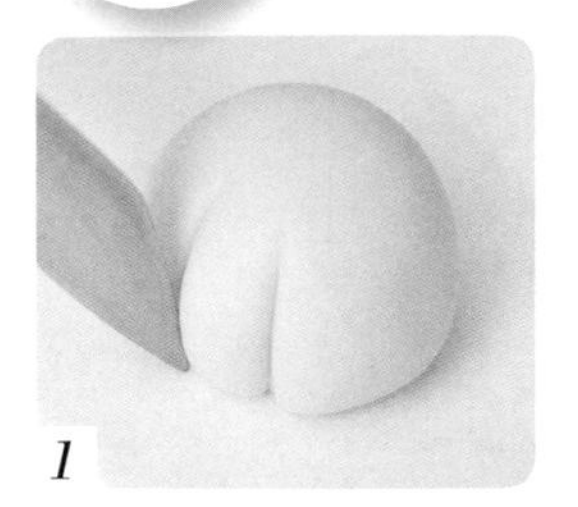

1

將20克白色麵團搓圓，略微推高後滾成橢圓形；在橢圓形較寬的位置壓出3個壓痕。

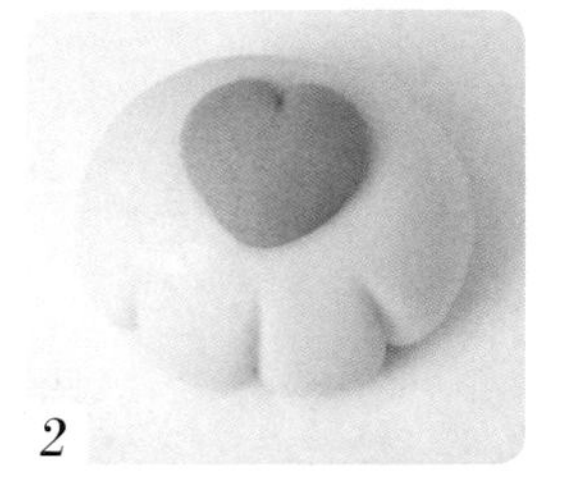

2

將1克的粉色麵團滾圓後搓出水滴形，用小刀將水滴形壓成愛心的形狀，貼在貓爪中間略微靠下的位置。

3

將4顆紅豆大小的粉色麵團搓圓，貼在掌心上方，略微壓扁。

---

d 裝飾

取粉橘色麵團搓出隨性大小的小球，覆蓋上饅頭紙，壓成形狀不拘的麵皮。（圖1），貼在手掌四周做出貓爪斑紋。（圖2）。

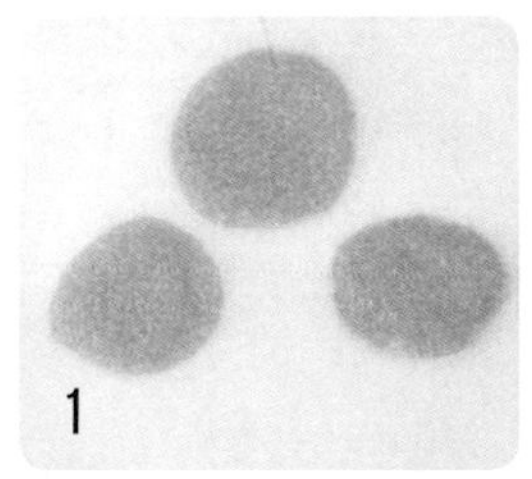

1

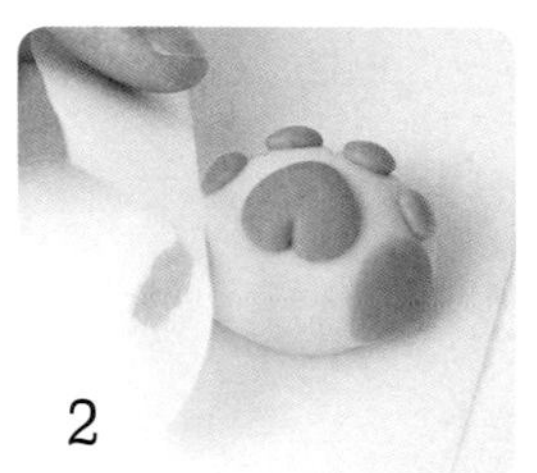

2

e 發酵&蒸煮

蒸鍋中放水，加熱到50℃左右熄火，成品置於鍋中蓋上鍋蓋保留1公分空隙進行發酵，待發酵至原本的1.5倍大，觸摸起來像棉花糖般柔軟有彈性。開中火蒸煮，待水沸騰冒出蒸汽後計時8分鐘關火，再燜2分鐘後再慢慢開蓋。

美姬小撇步

❇粉色小球盡量保持濕潤，貼上來的狀態才會自然。

千金小蕃茄

做法請見下一頁！

千金小蕃茄

吾家有女初長成，
多吃蕃茄一定越來越漂亮！

材料（1顆）

- 紅色麵團20克、綠色麵團2克、可可粉少許、牛奶少許

做法 ▸ *Step by Step*

a 麵團

依P.16「可以用手揉製作饅頭麵團嗎？」、P.18「如何運用攪拌機製作饅頭麵團？」，做出完美的饅頭麵團。

---

b 調色&分割

依P.20「如何讓麵團五顏六色」，完成紅色及綠色麵團調色，再將調好色的麵團分割成紅色麵團20克×1、綠色麵團2克×1。

造型

1

將10克紅色麵團滾圓後盡量推高，做出的成品才有立體感。

2

用翻糖工具在頂部壓出凹槽。

3

將2克綠色麵團滾圓後擀平，用小刀切出六角星形。

4

將綠色六角星形麵皮貼在紅色麵團頂端，用翻糖工具由中央往下壓。

Tips

以工具自中央壓下，葉子會自然捲翹起來。

5

取剩餘綠色麵皮，搓出一小段細線，用牙籤刺入頂端當作梗。

裝飾

用可可粉加牛奶調出色膏，擦在葉子和梗的邊緣處，營造自然成熟的感覺。

e

發酵&蒸煮

蒸鍋中放水，加熱到50℃左右熄火，成品置於鍋中蓋上鍋蓋保留1公分空隙進行發酵，待發酵至原本的1.5倍大，觸摸起來像棉花糖般柔軟有彈性。開中火蒸煮，待水沸騰冒出蒸汽後計時8分鐘關火，再燜2分鐘後再慢慢開蓋。

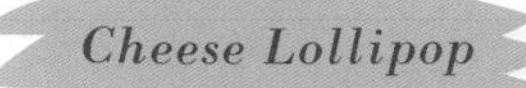

起司棒棒糖

這款棒棒糖，輕鬆好做，
吃再多也不會蛀牙！

材料（可做4支）

- 白色麵團50克、起司片一片

做法▸ *Step by Step*

麵團

依P.16「可以用手揉製作饅頭麵團嗎？」、P.18「如何運用攪拌機製作饅頭麵團？」，做出完美的饅頭麵團。

---

b 造型

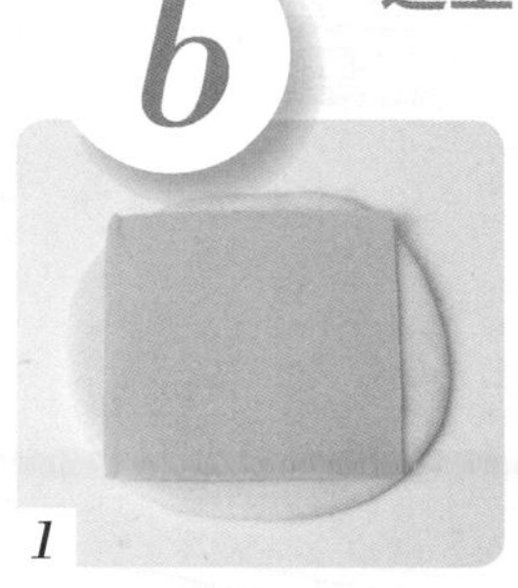

1 麵團滾圓後，擀成比起司片略大的圓形麵皮，將麵皮翻面，將起司片鋪在上方。

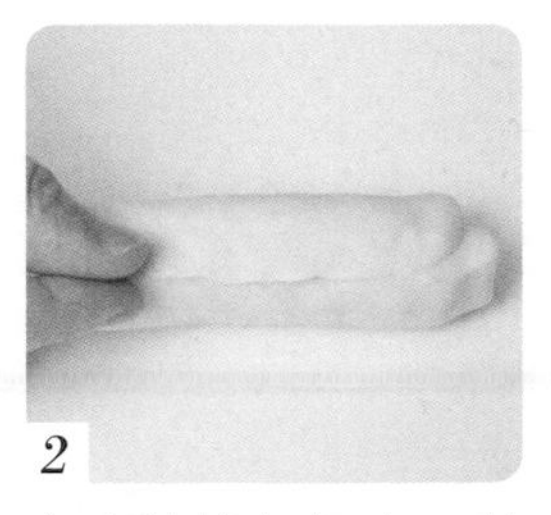

2 密實地捲起麵皮，封口處抹上少許水分黏合起來。

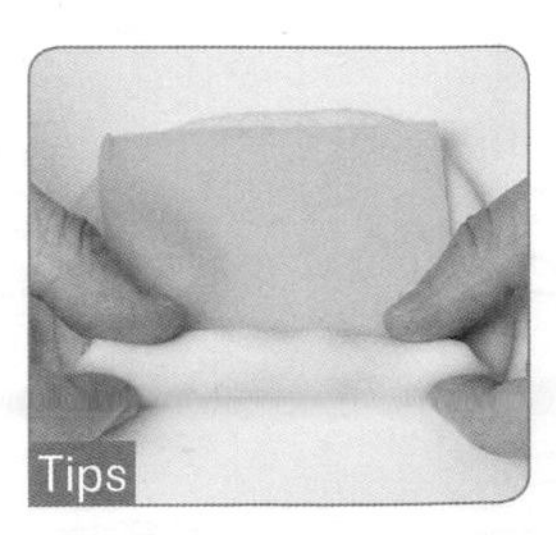

Tips 盡量捲緊，起司才不會外流太多。

3

切掉頭尾不規則的部分，將麵團分成四等分。

Tips

四等分大小要一致才好看。

4

將麵團放平，插入糖果紙棒。

發酵&蒸煮

蒸鍋中放水，加熱到50℃左右熄火，成品置於鍋中蓋上鍋蓋保留1公分空隙進行發酵，待發酵至原本的1.5倍大，觸摸起來像棉花糖般柔軟有彈性。開中火蒸煮，待水沸騰冒出蒸汽後計時8分鐘關火，再燜2分鐘後再慢慢開蓋。

裝飾

蒸好放涼的成品可以裝入透明玻璃袋中，再綁上蝴蝶結，就是最棒的小禮物。

美姬小撇步

＊切割時切勿下壓，要以鋸開的方式才不會破壞棒棒糖的外形。

酸溜溜小檸檬

做法請見下一頁！

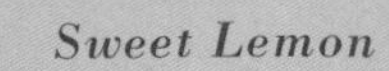

酸溜溜小檸檬

有一種滋味酸酸甜甜的，
是戀愛嗎？

材料（1顆）

黃色麵團20克、綠色麵團少許、白色麵團少許、牙籤數根

做法▸ *Step by Step*

a 麵團

依P.16「可以用手揉製作饅頭麵團嗎？」、P.18「如何運用攪拌機製作饅頭麵團？」，做出完美的饅頭麵團。

b 調色&分割

依P.20「如何讓麵團五顏六色」，完成黃色、綠色、白色麵團調色，並將調好色的麵團分割成黃色麵團20克×1、綠色麵團少許、白色麵團少許。

造型

1

將20克黃色麵團滾圓後，推成蘑菇頭的樣子。

2

將麵團的兩頭捏出一大一小的尖頭。

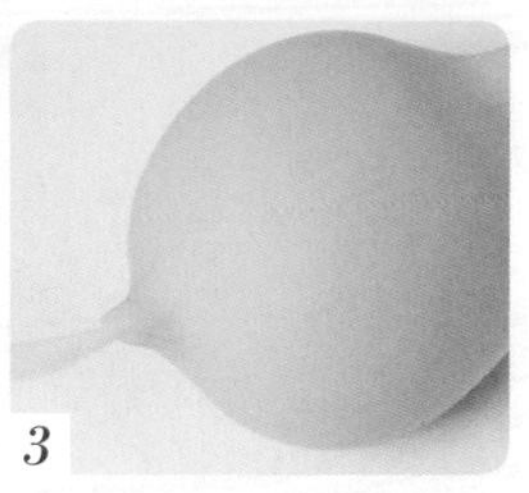

3

將大尖頭的部分用翻糖工具壓出一個凹洞；小尖頭的部分也用翻糖工具壓出一個孔。

4

用牙籤在檸檬身上刺出毛孔，可刺深些，讓毛孔更為明顯。

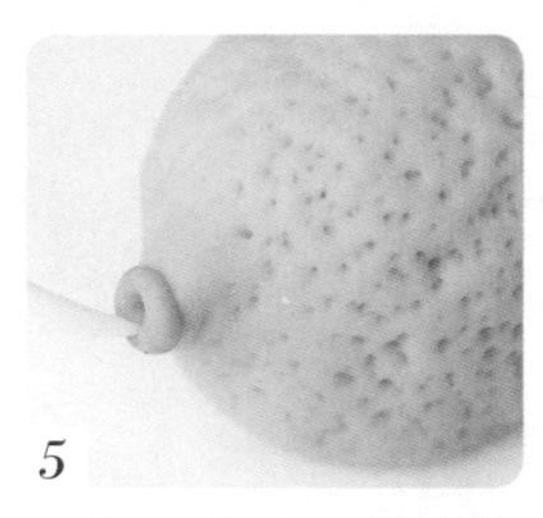

5

取綠色麵團，搓成綠豆大小的小圓，黏貼在凹洞處，用翻糖工具壓出孔洞。

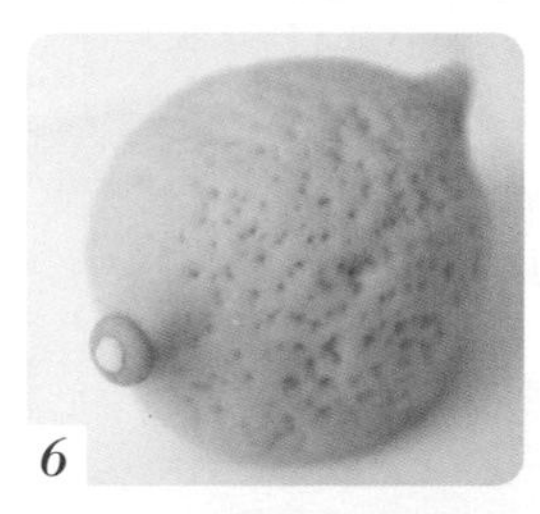

6

取白色麵團，搓成西谷米大小的小圓，黏貼在孔洞處。

發酵&蒸煮

蒸鍋中放水，加熱到50℃左右熄火，成品置於鍋中蓋上鍋蓋保留1公分空隙進行發酵，待發酵至原本的1.5倍大，觸摸起來像棉花糖般柔軟有彈性。開中火蒸煮，待水沸騰冒出蒸汽後計時8分鐘關火，再燜2分鐘後再慢慢開蓋。

美姬小撇步

❊ 檸檬的高度要略微推高，才會有立體感。

❊ 用牙籤在檸檬身上刺出毛孔時，可以用數根牙籤綁在一起，刺出檸檬身上的毛孔。

王姬美

一口小饅頭進階班

造型多一點、線條多一點，

再黏顆心、再貼朵花，

哇！超吸睛小饅頭！

and happy foods

Vitality Chick

元氣小雞

小的時候你們總是喜歡圍繞在媽咪身邊，
陪著媽媽做家事、搓饅頭，
好想、好想，一直把你們帶在身邊。

材料（1只）

黃色麵團22克、紅色、黑色、橙色麵團少許、
紅麴粉少許

做法▸ *Step by Step*

a 麵團

依P.16「可以用手揉製作饅頭麵團嗎？」、
P.18「如何運用攪拌機製作饅頭麵團？」，
做出完美的饅頭麵團。

---

b 調色&分割

依P.20「如何讓麵團五顏六色」，完成黃色、紅色、黑色及橙色麵團調色，再將黃色麵團分割成20克×1、1克×2。

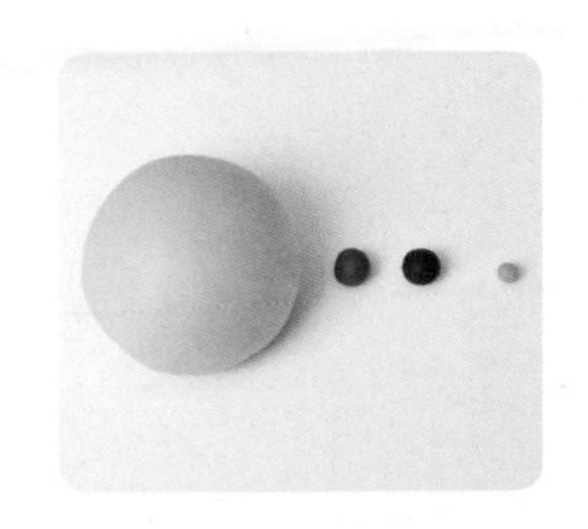

c 造型

1

將20克黃色麵團滾圓，推成圓柱體。

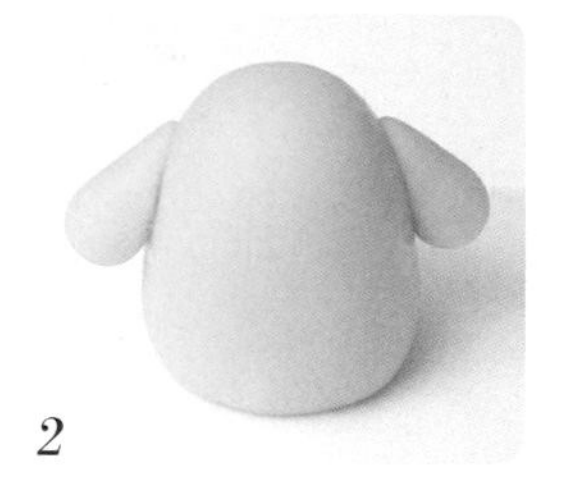

2

將1克×2的黃色麵團搓出水滴形，貼在身體兩側略高的位置做翅膀。

3

取黑色麵團，搓出小點做眼睛。

4

取橙色麵團，搓出小米大小，貼在眼睛中央略下方的位置做嘴巴。

5

取紅色麵團，搓出紅豆大小的小圓，再搓成水滴形後，壓出愛心的形狀，貼在頭上做雞冠。

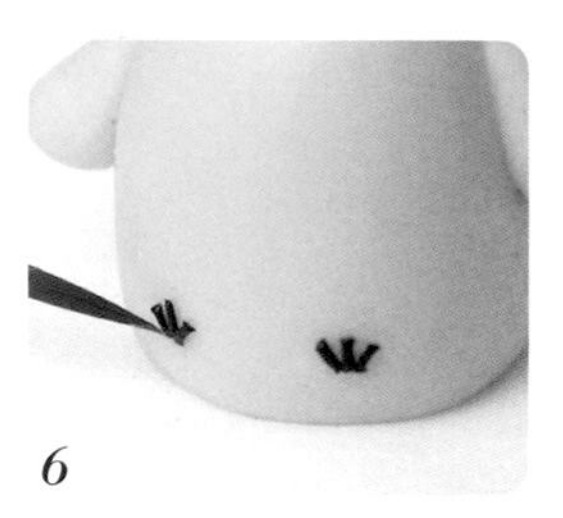

6

取黑色麵團，搓出細線，切出6段短線條，黏在身體上（每邊3段）當作雞腳。

裝飾

將紅麴粉調成粉紅色，在臉部畫上腮紅，完成作品。

發酵&蒸煮

蒸鍋中放水，加熱到50℃左右熄火，成品置於鍋中蓋上鍋蓋保留1公分空隙進行發酵，待發酵至原本的1.5倍大，觸摸起來像棉花糖般柔軟有彈性。開中火蒸煮，待水沸騰冒出蒸汽後計時8分鐘關火，再燜2分鐘後再慢慢開蓋。

美姬小撇步

❇當作小雞身體的麵團高度要略微推高，才會有立體感。

Hen Chinese Hamburger

母雞夾蛋小刈包

母雞媽媽愛著小雞，就像媽媽愛著你！
想一直保護你們，
希望你們吃得更健康，長得更健壯！

做法請見下一頁！

材料（1只）

白色麵團35克、紅色麵團2克、
橘色、黑色麵團少許、紅麴粉少許

做法▸ *Step by Step*

a 麵團

依P.16「可以用手揉製作饅頭麵團嗎？」、P.18「如何運用攪拌機製作饅頭麵團？」，做出完美的饅頭麵團。

b 調色&分割

依P.20「如何讓麵團五顏六色」，完成白色、紅色、橘色、黑色麵團調色，再將調好色的麵團分割成白色麵團30克×1、2克×2；紅色麵團2克×1，其餘備用。

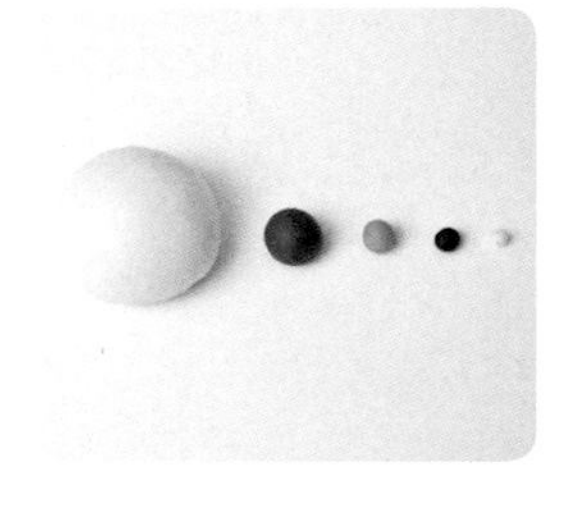

c 造型

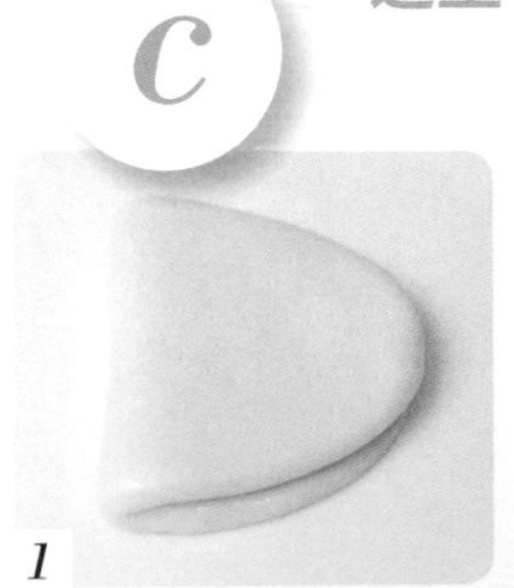

1

將30克白色麵團搓圓，擀成較長的橢圓形麵皮，將麵皮翻面，刷上一層沙拉油後，上面對折備用。

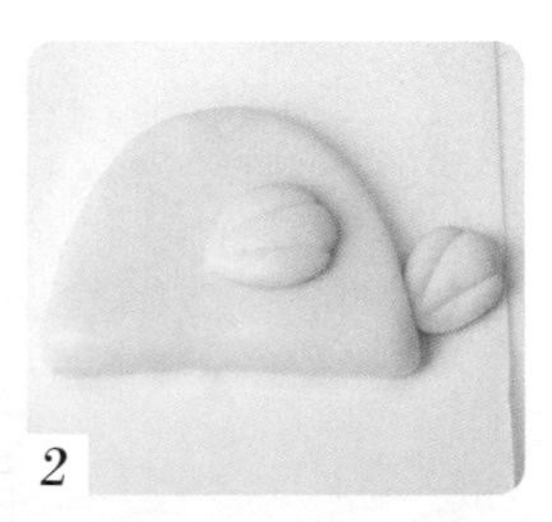

2

將2克×2的白色麵團分別滾圓，搓成水滴形，用小刀壓出凹痕，一個貼在身體當翅膀；另個貼在屁股當尾巴。

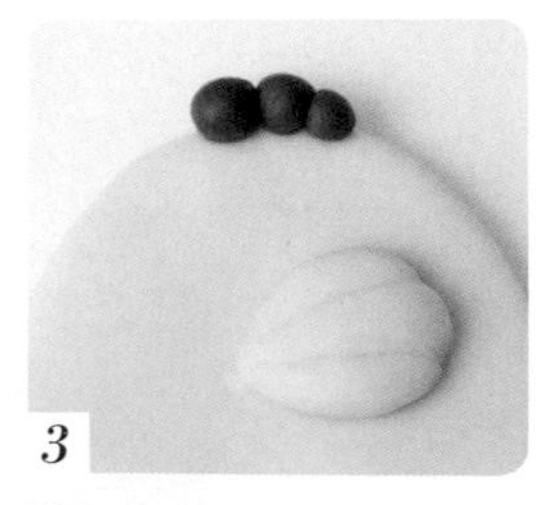

3

將2克紅色麵團搓出大中小3顆小球，分別貼在母雞的頭頂，當作雞冠。

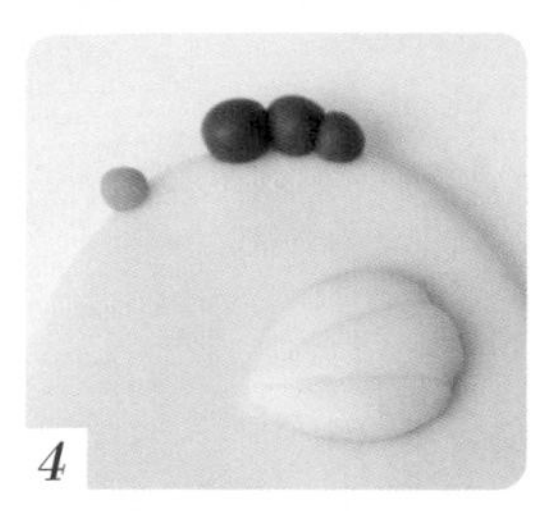

4

取綠豆大小的橘色麵團搓成橄欖形，貼在嘴巴的位置。

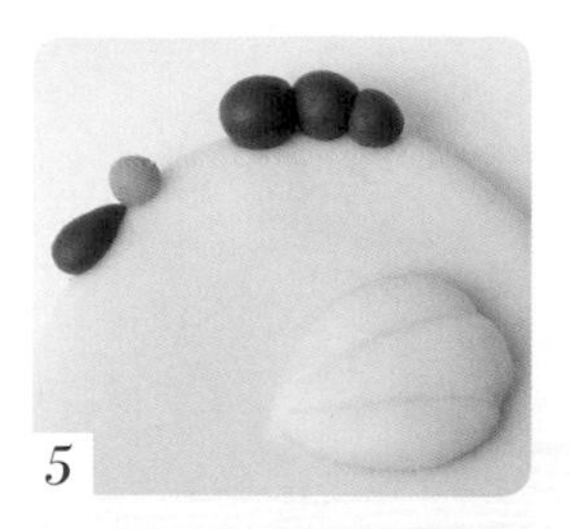

5

取紅豆大小的紅色麵團搓出水滴形，放在嘴巴下方做出肉瘤。

6

取黑色麵團搓圓，貼上嘴巴附近，略微壓扁當成眼睛；取更小的白色麵團搓圓做出眼睛裡面的亮光。

裝飾

將紅麴粉調成粉紅色，在臉部畫上腮紅，完成作品。

發酵&蒸煮

蒸鍋中放水，加熱到50℃左右熄火，成品置於鍋中蓋上鍋蓋保留1公分空隙進行發酵，待發酵至原本的1.5倍大，觸摸起來像棉花糖般柔軟有彈性。開中火蒸煮，待水沸騰冒出蒸汽後計時8分鐘關火，再燜2分鐘後再慢慢開蓋。

美姬小撇步

＊沙拉油不要刷太多，以免溢出影響雞冠的黏貼。

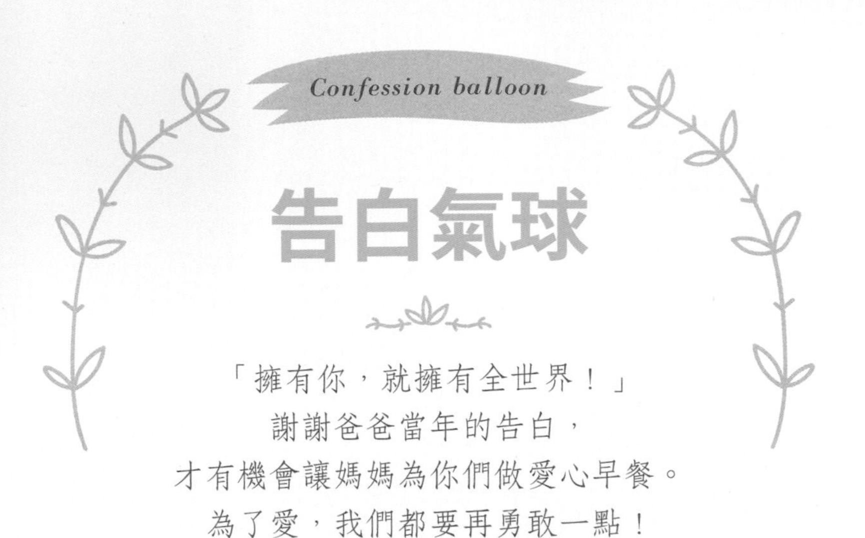

Confession balloon

告白氣球

「擁有你，就擁有全世界！」
謝謝爸爸當年的告白，
才有機會讓媽媽為你們做愛心早餐。
為了愛，我們都要再勇敢一點！

材料（3只）

白色、粉色、深粉色麵團各25克、竹炭粉少許

做法▸ *Step by Step*

麵團

依P.16「可以用手揉製作饅頭麵團嗎？」、P.18「如何運用攪拌機製作饅頭麵團？」，做出完美的饅頭麵團。

---

b 調色&分割

依P.20「如何讓麵團五顏六色」，完成粉色、深粉色麵團調色，再將調好色的麵團分割成白色麵團20克×1、5克×1；粉色麵團20克×1、5克×1；深粉色麵團20克×1、5克×1。

---

c 造型

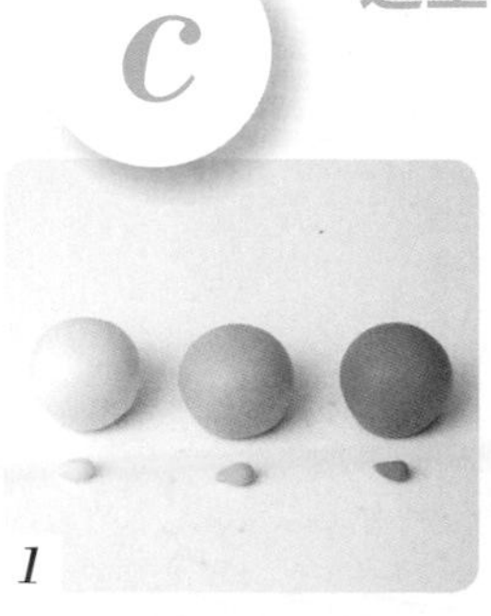

1 所有20克的各色麵團搓圓後，略微推高滾成橢圓形；將5克的各色麵團，取紅豆大小，搓出水滴形。

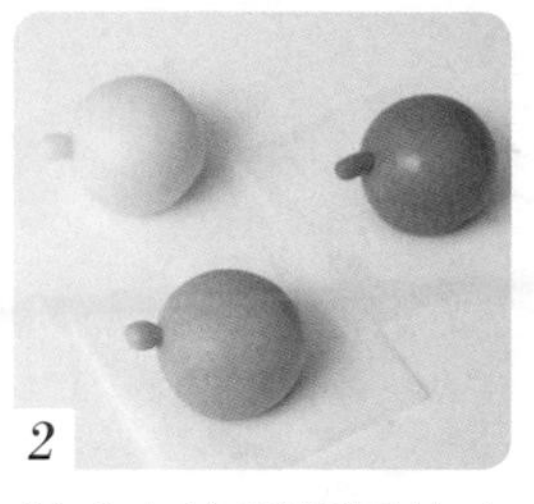

2 搓成水滴形麵團的尖端，黏貼在橢圓麵團略小的那一頭。

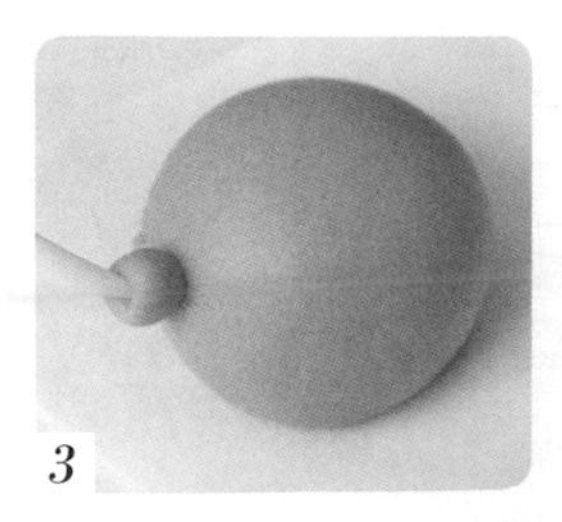

3 用翻糖工具在尾巴處壓出一個小洞，做出氣球吹氣口的位置。

氣球吹氣口的小麵團做得略微小一點，會顯得氣球更加飽滿。

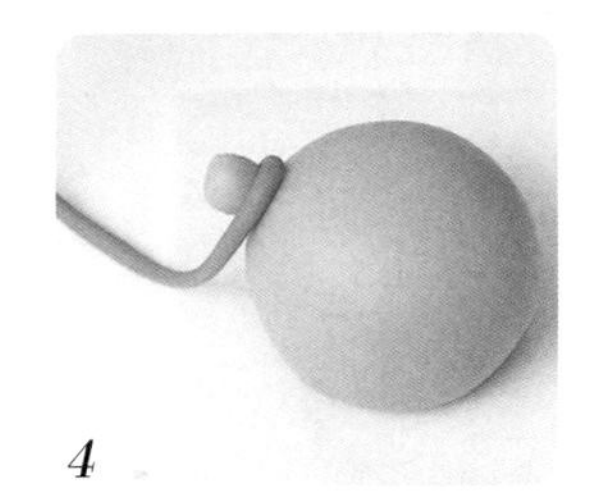

4

取各色麵團搓出細線，交叉顏色貼在氣球的收口處，做出綁繩的效果。

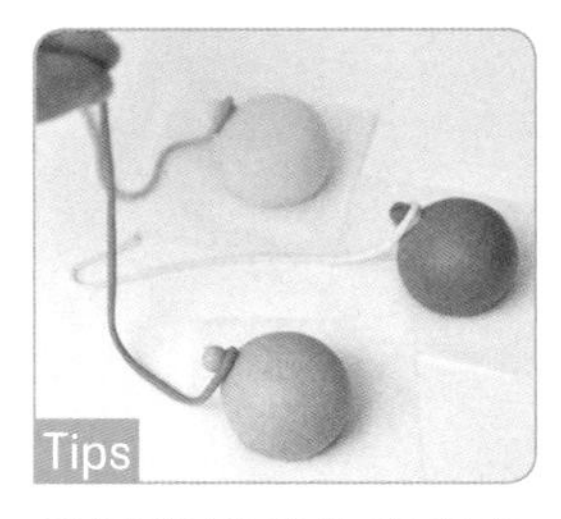

氣球與綁線的顏色為略有深淺的同色系或互補色，會更好看。

裝飾

竹炭粉和水混勻，用細毛筆沾取墨汁寫下告白文字。

發酵&蒸煮

蒸鍋中放水，加熱到50℃左右熄火，成品置於鍋中蓋上鍋蓋保留1公分空隙進行發酵，待發酵至原本的1.5倍大，觸摸起來像棉花糖般柔軟有彈性。開中火蒸煮，待水沸騰冒出蒸汽後計時8分鐘關火，再燜2分鐘後再慢慢開蓋。

美姬小撇步

✻球體盡量推高，汽球才會有立體感。

豆莢寶寶三胞胎

做法請見下一頁！

Baby Pods

豆莢寶寶三胞胎

給孩子愛的禮物中，
其中有一份叫作「手足之情」，
願你們相親相愛、彼此照顧。

材料（4只）

- 綠色麵團100克、白色麵團60克、竹炭粉少許、紅麴粉少許

做法▸ *Step by Step*

a 麵團

依P.16「可以用手揉製作饅頭麵團嗎？」、P.18「如何運用攪拌機製作饅頭麵團？」，做出完美的饅頭麵團。

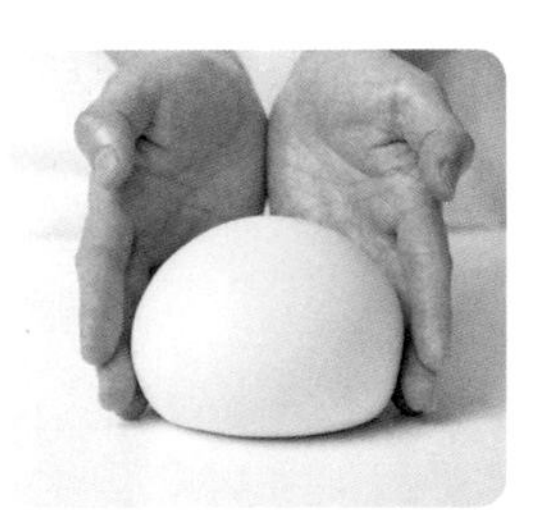

---

b 調色&分割

依P.20「如何讓麵團五顏六色」，完成白色及綠色麵團調色，再將調好色的麵團分割成綠色100克×1、白色麵團5克×12。

c 造型

1 將100克的綠色麵團擀成正方形麵團。

2 用圓形模具壓出四個圓形麵皮。

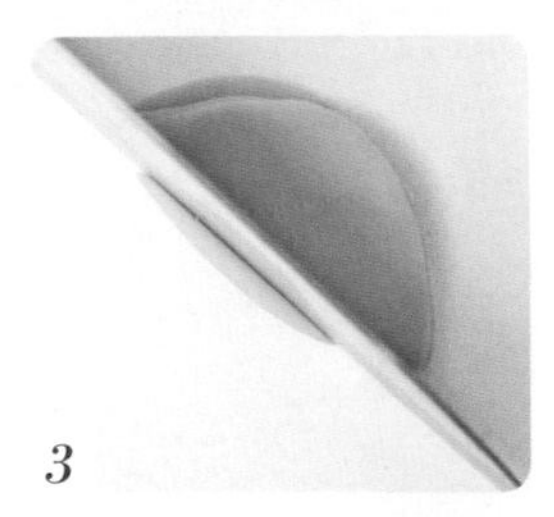

3 將麵皮對折，前後兩端略微往下彎，對折處切掉一條細長條。

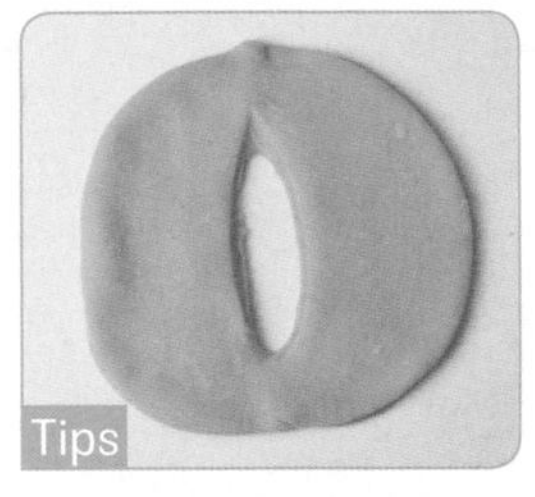

Tips 只切掉圓麵皮中間，不要將中間整個切掉。

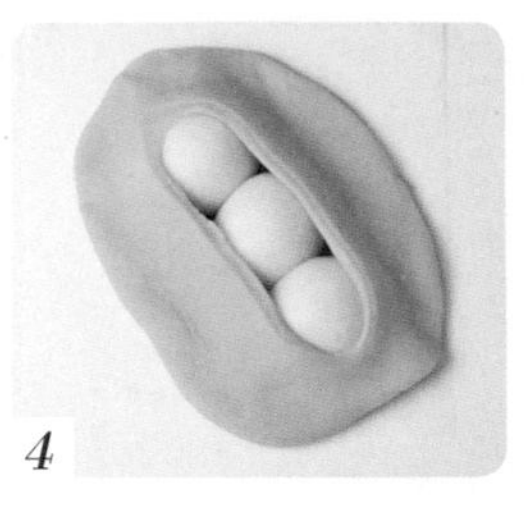

4 打開一片綠色麵皮，中間的長洞略微撐開，覆蓋在3顆併排的白色小球上。

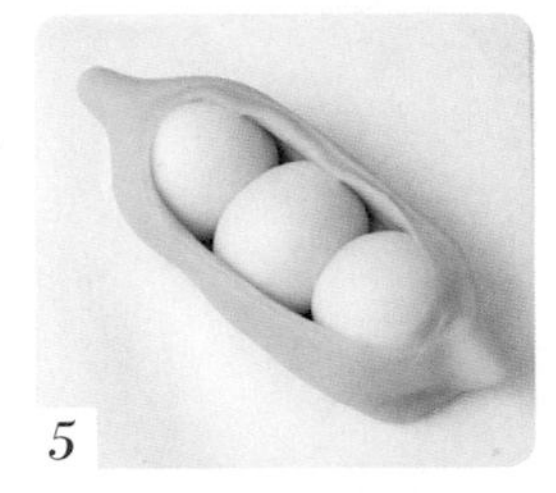

5 將麵皮底部捏合，完成造型。

裝飾

竹炭粉、紅麴粉分別與水混勻，畫出豆莢寶寶的表情及腮紅，可愛的豆莢寶寶完成。

發酵&蒸煮

蒸鍋中放水，加熱到50℃左右熄火，成品置於鍋中蓋上鍋蓋保留1公分空隙進行發酵，待發酵至原本的1.5倍大，觸摸起來像棉花糖般柔軟有彈性。開中火蒸煮，待水沸騰冒出蒸汽後計時8分鐘關火，再燜2分鐘後再慢慢開蓋。

美姬小撇步

- 切口的大小要適中，以可以露出2/3大小的白色麵團為準。
- 圓形模具為直徑3.8公分大小。

Persian Cat

藍眼波斯貓

喵～流浪小貓貓，聽話又乖巧，
給它一個家，相依不孤單。

材料（1只）

白色麵團22克、紫色麵團1克、藍色麵團、粉色麵團、黑色麵團少許、紅麴粉少許

做法▸ *Step by Step*

麵團

依P.16「可以用手揉製作饅頭麵團嗎？」、P.18「如何運用攪拌機製作饅頭麵團？」，做出完美的饅頭麵團。

---

b 調色&分割

依P.20「如何讓麵團五顏六色」，完成白色、紫色、藍色、粉色及黑色麵團調色，並將調好色的麵團分割成白色麵團20克×1、1克×2。

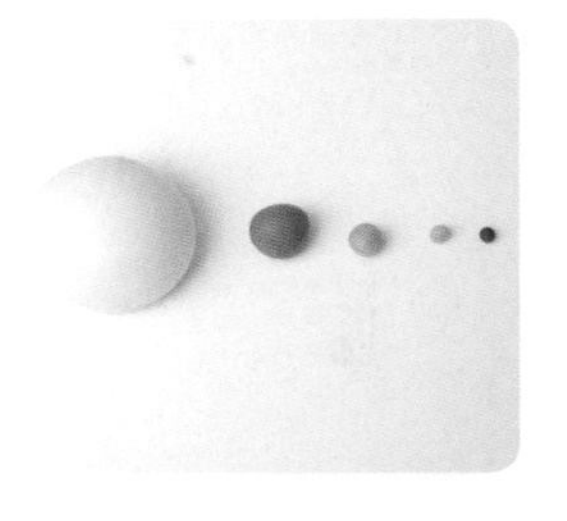

---

c 造型

1

將20克白色麵團滾圓後略微推高，當作貓的頭；將1克白色麵團滾圓搓成橄欖形，略微壓扁後切成兩半。

2

將切成兩半的橄欖形，黏貼在頭上，當作耳朵。

3

取藍色麵團，搓成2個小圓，貼在臉部略微壓扁，當成眼睛。

4

取黑色麵團，搓出較長的細線，取線段做成眼睛及眉毛。

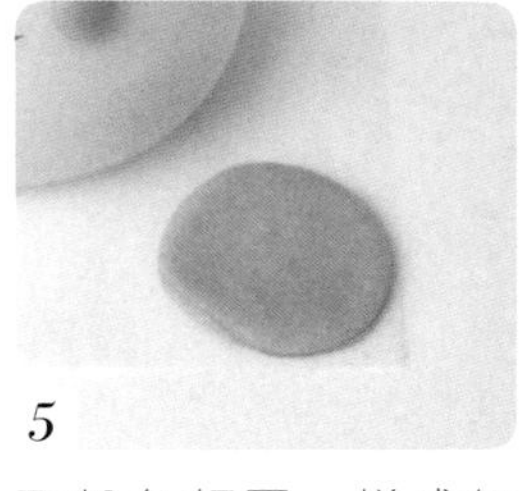

5

取粉色麵團，搓成紅豆大小的小圓，成圓麵皮備用。

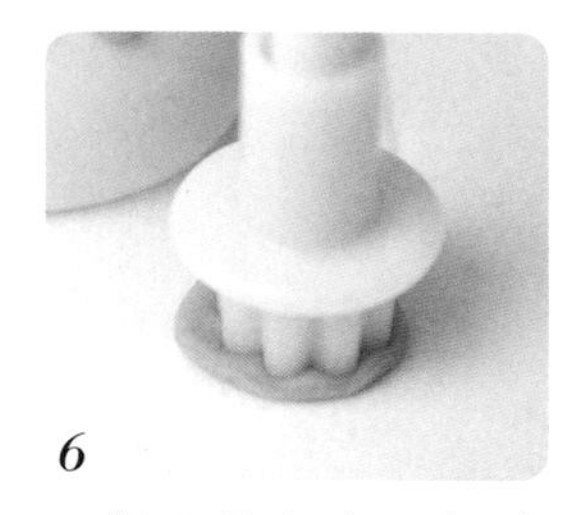

6

用模具將紅色圓麵皮壓出小花形狀備用。

7

將壓好的小花貼在耳朵上方，用翻糖工具壓出凹痕。

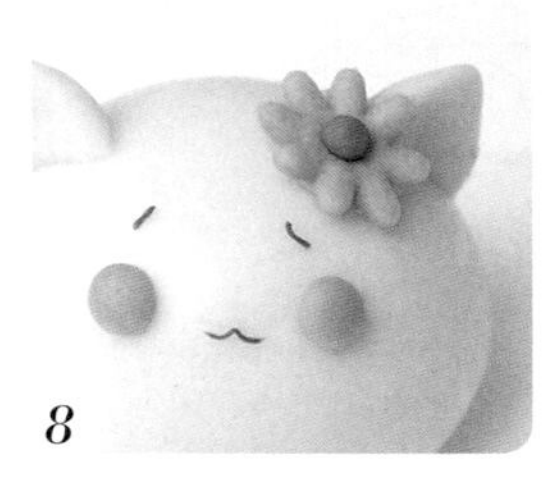

8

取紫色麵團，搓成小圓球，黏貼在花朵的凹痕處，當成花心。

9

將1克白色麵團，搓出2、3個小白圓球，黏貼在眼睛上當亮點。

裝飾

將紅麴粉調成粉紅色，在臉部畫上腮紅，耳朵內側也刷上些許粉紅色，完成作品。

發酵&蒸煮

蒸鍋中放水，加熱到50℃左右熄火，成品置於鍋中蓋上鍋蓋保留1公分空隙進行發酵，待發酵至原本的1.5倍大，觸摸起來像棉花糖般柔軟有彈性。開中火蒸煮，待水沸騰冒出蒸汽後計時8分鐘關火，再燜2分鐘後再慢慢開蓋。

美姬小撇步

＊耳朵擺放在頭的正上方兩側，整體會更有立體感。

暖呼呼蘇打雪糕

做法請見下一頁！

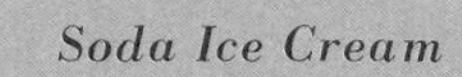

暖呼呼蘇打雪糕

雪糕暖呼呼？！超特別吧！
即使在冷吱吱的冬天，一樣可以吃上好幾根！

材料（1只）

- 白色麵團25克、梔子藍色粉少許

做法▸ *Step by Step*

麵團

依P.16「可以用手揉製作饅頭麵團嗎？」、P.18「如何運用攪拌機製作饅頭麵團？」，做出完美的饅頭麵團。

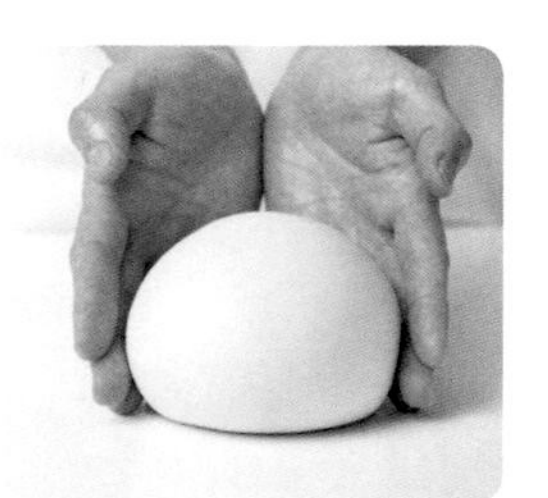

---

b

分割

將揉好的麵團分割成白色麵團20克×1、5克×1。

造型

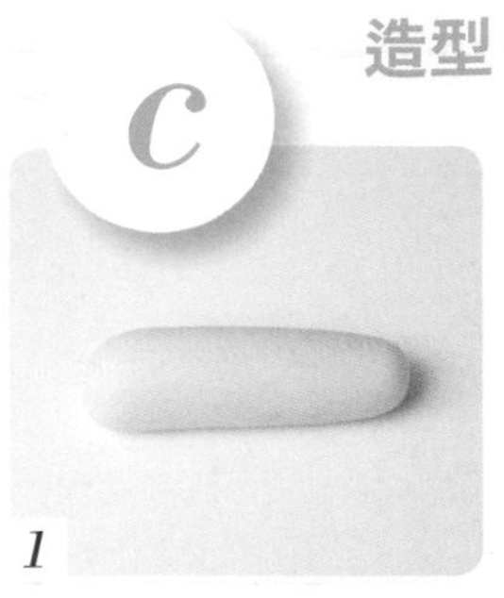

1

將20克白色麵團滾圓，搓成約6.5公分的圓柱體。

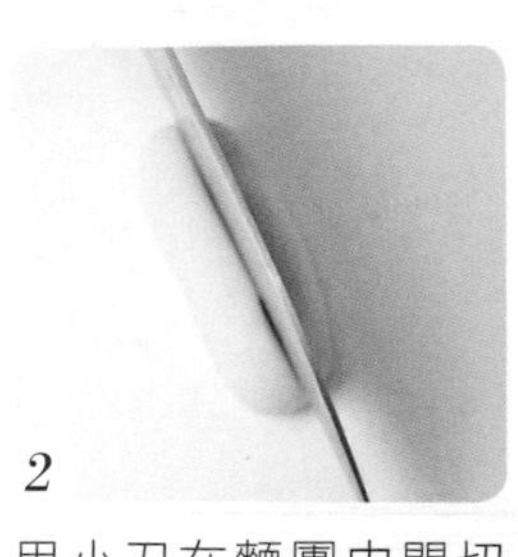

2

用小刀在麵團中間切出缺口。

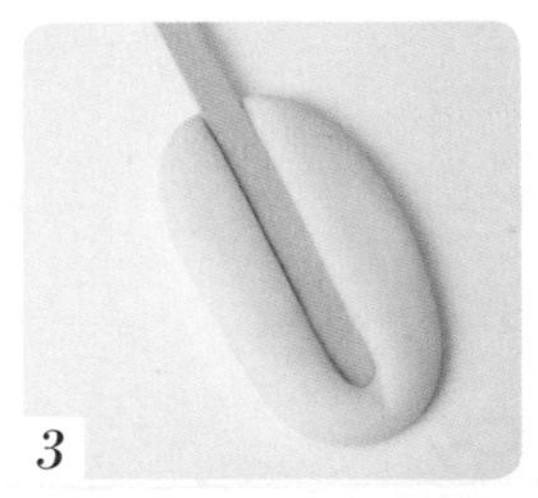

3

將切開的缺口剝開，放入雪糕棒，再將麵團略微壓扁。

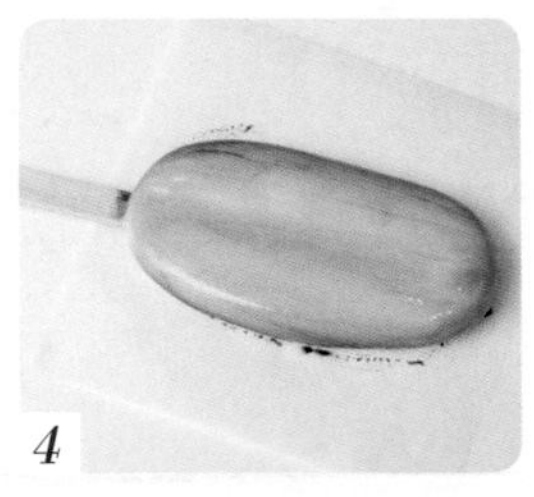

4

用藍色色粉加水調成藍色顏料，刷在冰棒表面。

5

待顏色乾燥後，用圓形模具或擠花嘴切掉一角做出咬一口的感覺。

6

用白色麵團搓成水滴形，貼在冰棒周圍，做出溶化的效果。

發酵&蒸煮

蒸鍋中放水，加熱到50℃左右熄火，成品置於鍋中蓋上鍋蓋保留1公分空隙進行發酵，待發酵至原本的1.5倍大，觸摸起來像棉花糖般柔軟有彈性。開中火蒸煮，待水沸騰冒出蒸汽後計時8分鐘關火，再焖2分鐘後再慢慢開蓋。

美姬小撇步

＊雪糕棒放入的位置要到達圓柱體的一半以上，否則蒸好後拿起來時，容易掉落。

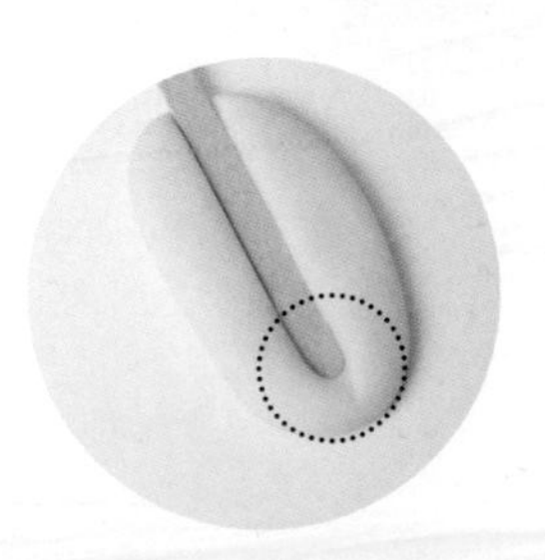

粽子寶寶的新衣

並節慶限定可愛粽子寶寶饅頭，
每一天都可以換上新裝吃飽飽！

材料（1顆）

白色麵團15克、綠色麵團8克、棕色麵團少許、竹炭粉少許、紅麴粉少許

做法▸ *Step by Step*

麵團

依P.16「可以用手揉製作饅頭麵團嗎？」、P.18「如何運用攪拌機製作饅頭麵團？」，做出完美的饅頭麵團。

---

b 調色&分割

依P.20「如何讓麵團五顏六色」，完成白色、綠色、棕色麵團調色，並將調好色的麵團分割成白色麵團15克×1、綠色麵團8克×1、棕色麵團少許。

造型

1

將15克白色麵團推成圓錐形。

2

將8克綠色麵團擀成橢圓形麵皮，並以切板壓出細密的線條，做出葉子的紋理。

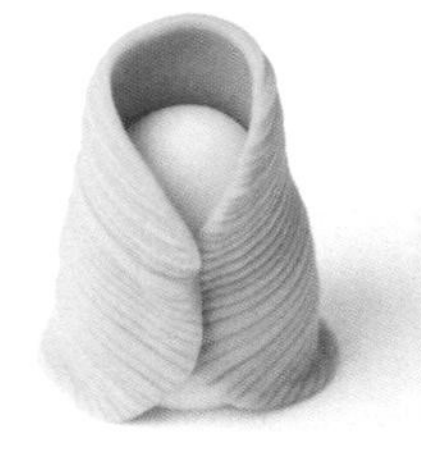

3

將綠色麵皮從後面披覆在白色麵團表面，兩端略微壓緊。如果麵團較為乾燥，可以加些清水以利黏合。

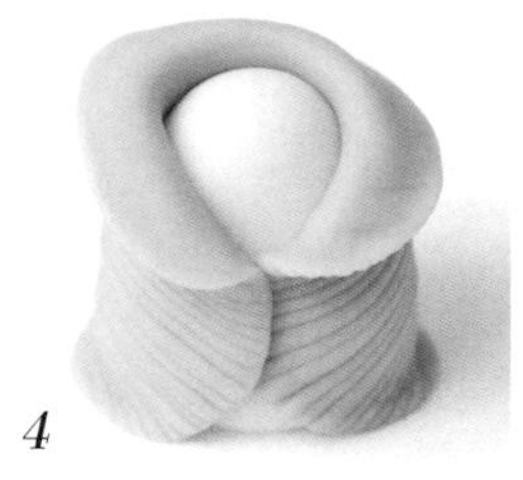

4

上方的領子向下翻開，做出粽葉剝開的效果。

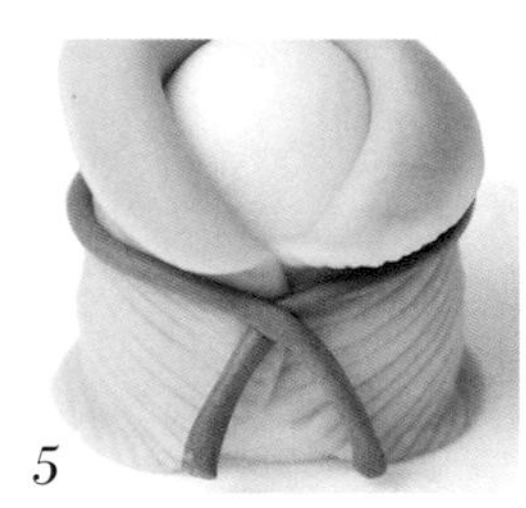

5

將棕色麵團搓成細線，包裹在粽子身體中段位置，頭尾交叉。

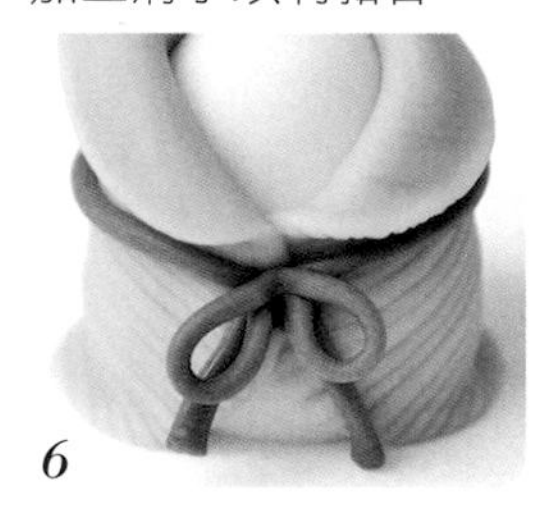

6

再取剩餘棕色麵團，搓成細線做出圓形，中間黏合在一起；貼在步驟5的交叉處，做出蝴蝶結的效果。

裝飾

竹炭粉、紅麴粉分別與水混勻，在臉上畫出五官，再刷上小腮紅，完成作品。

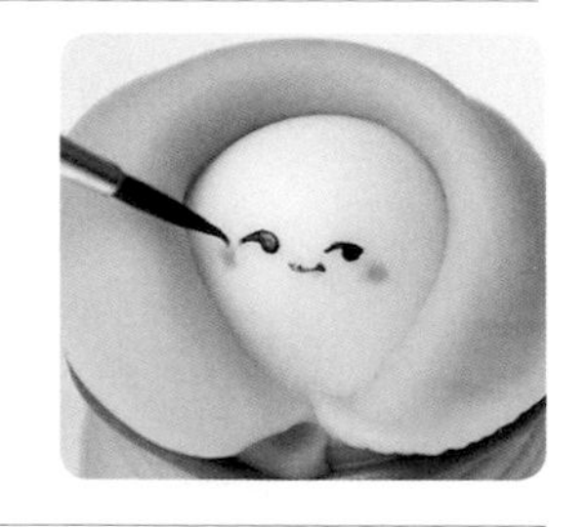

發酵&蒸煮

蒸鍋中放水，加熱到50℃左右熄火，成品置於鍋中蓋上鍋蓋保留1公分空隙進行發酵，待發酵至原本的1.5倍大，觸摸起來像棉花糖般柔軟有彈性。開中火蒸煮，待水沸騰冒出蒸汽後計時8分鐘關火，再燜2分鐘後再慢慢開蓋。

美姬小撇步

- 粽子的身體要略微推高，做出來的造型比較有立體感。
- 包裹外衣的時間要盡早，如果待身體發酵後才貼上外衣，接縫處容易有裂縫。
- 也可以取黑色麵團搓出小點和線條，裝飾粽子寶寶的表情。

暖心小海豹

做法請見下一頁！

暖心小海豹

白白胖胖、軟軟綿綿，
捧你在手，愛在心頭。

材料（1只）

- 白色麵團23克、黑色及紅色麵團少許、紅麴粉少許

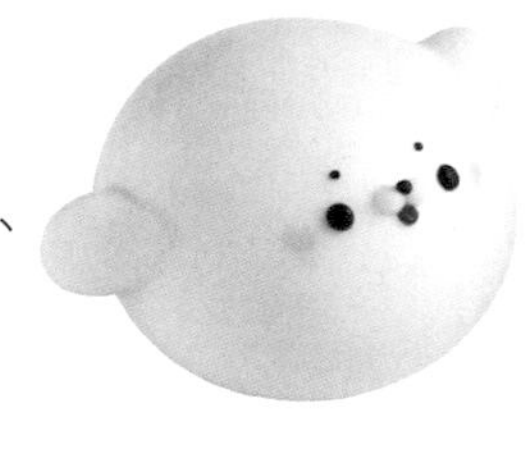
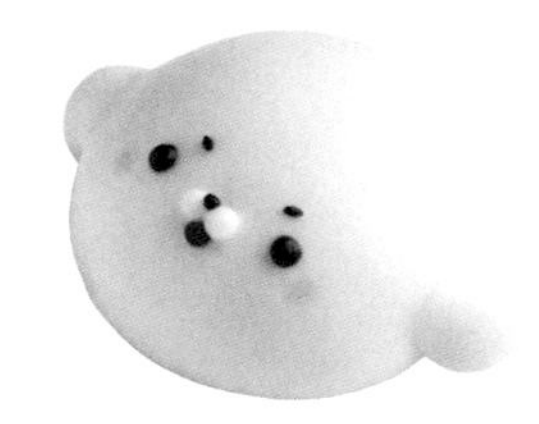

做法▸ *Step by Step*

麵團

依P.16「可以用手揉製作饅頭麵團嗎？」、P.18「如何運用攪拌機製作饅頭麵團？」，做出完美的饅頭麵團。

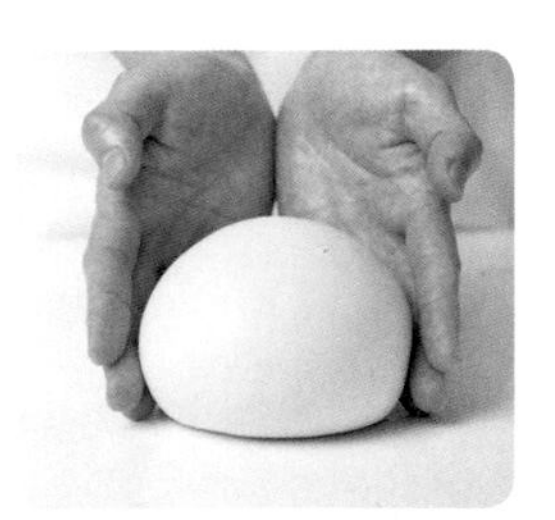

調色&分割

依P.20「如何讓麵團五顏六色」，完成白色、黑色及紅色麵團調色，再將調好色的麵團分割成白色麵團20克×1、1克×2、黑色及紅色麵團少許。

造型

將20克白色麵團滾圓，搓成水滴形，尖頭處用翻糖工具滾出尾巴的位置。

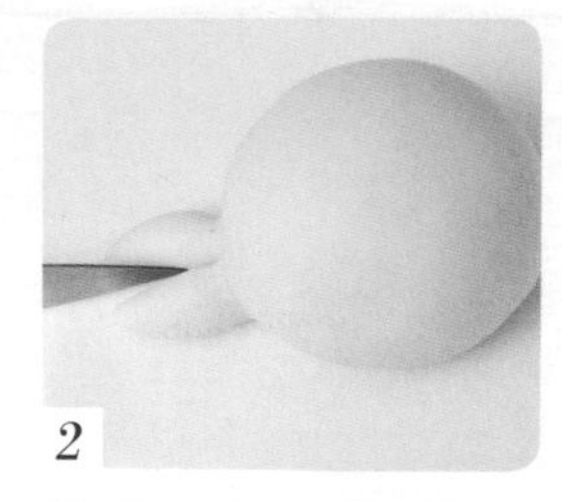

將尾巴處壓扁，用小刀對切成尾鰭的模樣。

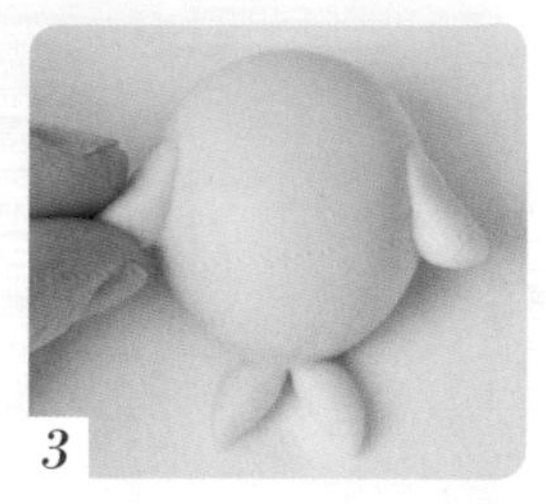

將1克×2的白色麵團滾圓，搓成水滴形，貼在身體兩側，略微捏扁當作鰭狀上肢。

取白色麵團搓出2顆綠豆大小的小圓，貼在臉上當作鼻子。

取黑色麵團搓出5個大小適中的小圓，分別做出眼睛、鼻頭和眉毛。

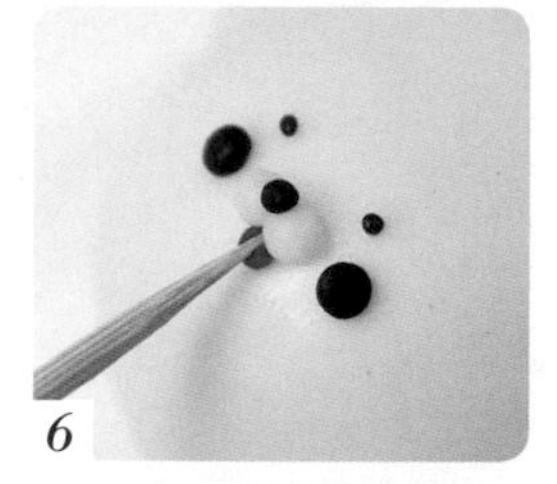

取粉色麵團搓出適當小圓，放在鼻子下方用牙籤壓出凹槽，做出吐舌頭俏皮樣。

裝飾

將紅麴粉調成粉紅色，在臉部畫上腮紅，完成作品。

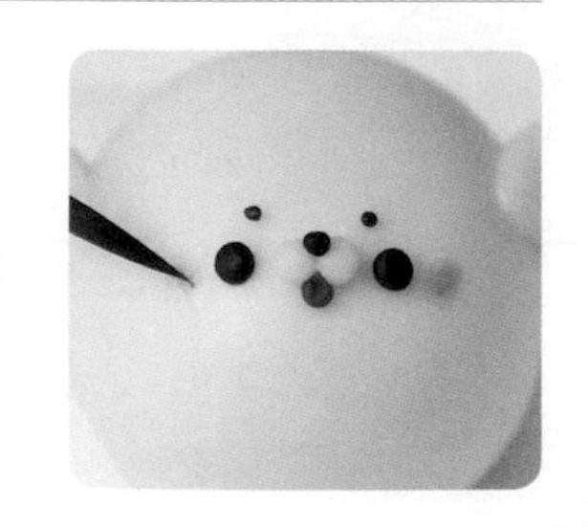

發酵&蒸煮

蒸鍋中放水，加熱到50℃左右熄火，成品置於鍋中蓋上鍋蓋保留1公分空隙進行發酵，待發酵至原本的1.5倍大，觸摸起來像棉花糖般柔軟有彈性。開中火蒸煮，待水沸騰冒出蒸汽後計時8分鐘關火，再燜2分鐘後再慢慢開蓋。

美姬小撇步

❇ 發酵後麵團會變矮，鼻子的位置盡量貼高。

Frog Prince

青蛙王子

被施了魔法的青蛙王子，
就等妳一吻喚醒他。

材料（1只）

綠色麵團22克、黃色麵團5克、
黑色及白色麵團各少許、紅麴粉少許

做法▸ *Step by Step*

麵團

依P.16「可以用手揉製作饅頭麵團嗎？」、P.18「如何運用攪拌機製作饅頭麵團？」，做出完美的饅頭麵團。

---

b 調色&分割

依P.20「如何讓麵團五顏六色」，完成綠色、黃色及黑色麵團調色，再將調好色的麵團分割成綠色麵團20克×1、1克×2；黃色麵團5克×1。

---

c 造型

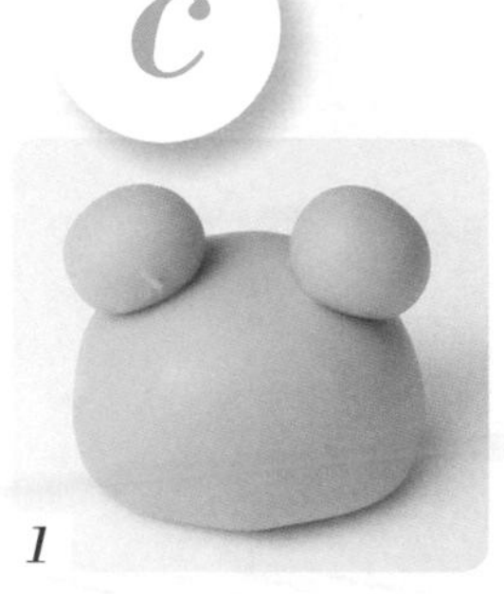

1

將20克綠色麵團推成略高的圓形；將兩顆2克綠色麵團揉成圓形，貼在青蛙的頭頂當作眼睛。

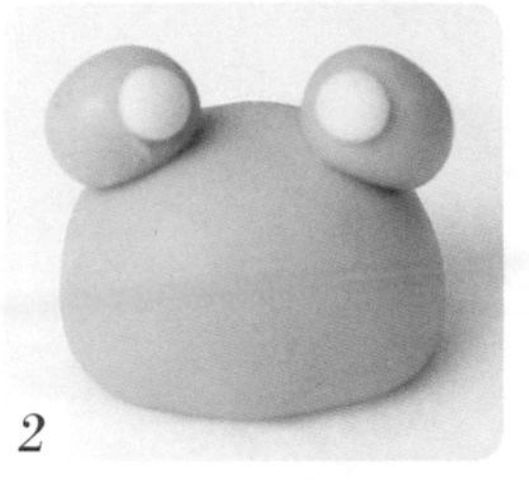

2

取兩顆約紅豆大小的白色麵團搓成圓球，貼在綠色眼球上方，如果麵團比較乾燥，可以擦一點清水。

3

取少許黑色麵團搓出小點，做出眼珠。

4

用牙籤刺出鼻孔、用翻糖工具壓出嘴巴。

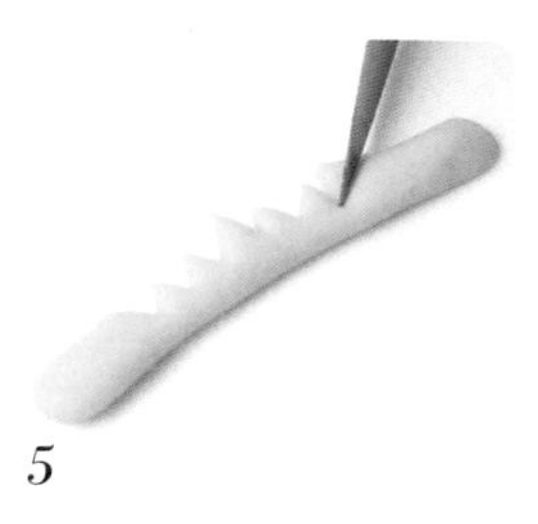

5

將黃色麵團搓成細麵條，略微壓扁，用切割小刀切除鋸齒痕。

6

將兩端捏合在一起，圈出皇冠，擺在青蛙頭頂（介於兩眼之間）。

裝飾

將紅麴粉調成粉紅色，在臉部畫上腮紅，完成作品。

發酵&蒸煮

蒸鍋中放水，加熱到50℃左右熄火，成品置於鍋中蓋上鍋蓋保留1公分空隙進行發酵，待發酵至原本的1.5倍大，觸摸起來像棉花糖般柔軟有彈性。開中火蒸煮，待水沸騰冒出蒸汽後計時8分鐘關火，再燜2分鐘後再慢慢開蓋。

美姬小撇步

❇ 皇冠麵皮不可以壓得太薄，會影響發酵，或者歪斜。

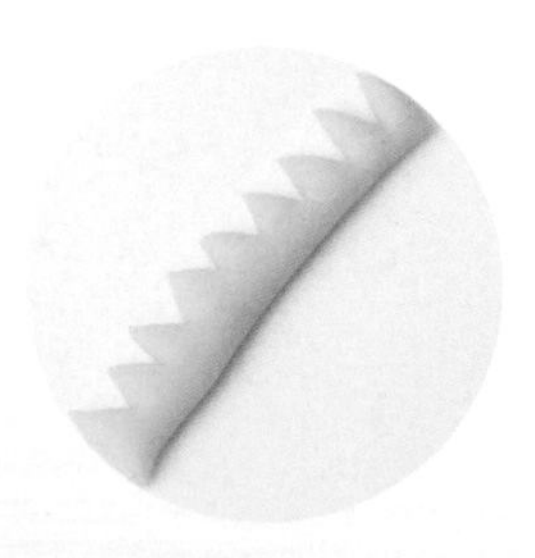

Non-fried Fries

非油炸薯條

請問要大薯還是小薯？
非油炸，清香怡人，越吃越涮嘴！

做法請見下一頁！

材料（1只）

紅色麵團40克、黃色麵團20克、橘色色粉少許

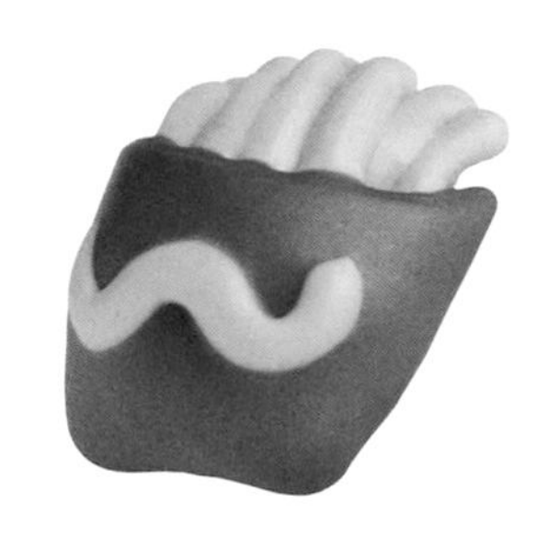

做法▸ *Step by Step*

a 麵團

依P.16「可以用手揉製作饅頭麵團嗎？」、P.18「如何運用攪拌機製作饅頭麵團？」，做出完美的饅頭麵團。

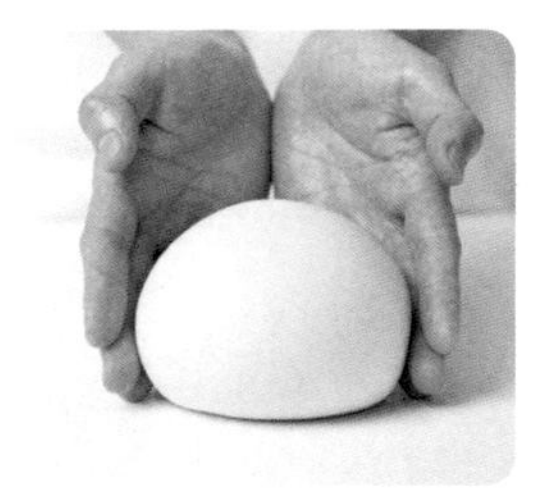

b 調色&分割

依P.20「如何讓麵團五顏六色」，完成紅色及黃色麵團調色，並分割成紅色麵團40克×1、黃色麵團20克×1。

c 造型

1 將40克紅色麵團搓圓，擀成較長的橢圓形麵皮，並將麵皮翻面備用。

2 將麵皮上半部，用圓形模具壓出月牙弧度。

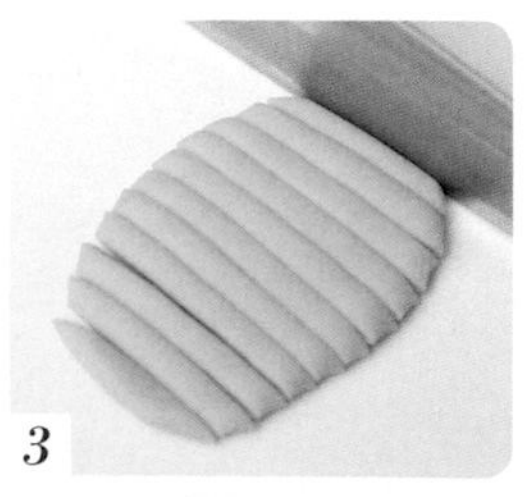

3 將20克黃色麵團擀成0.5公分厚度的麵皮，並用菜刀切出粗麵條。

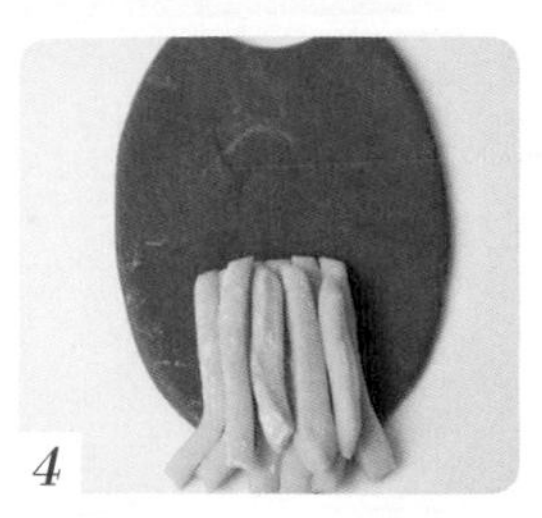

4

將黃色粗麵條擺放在紅色麵皮一半以上的位置。

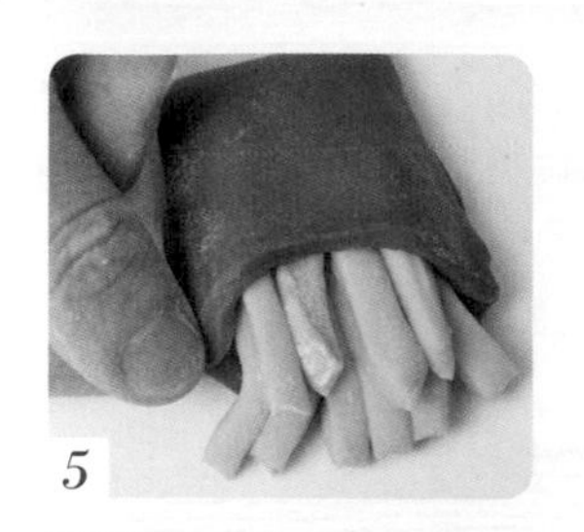

5

再將麵皮對折，用切板切出梯形的口袋模樣，兩側略微捏緊。

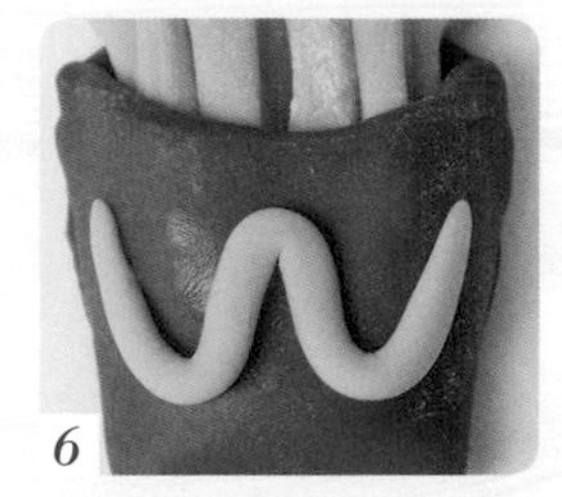

6

將剩餘的黃色麵團搓成長條，做成英文字母，貼在紅色的口袋上。

---

d

裝飾

橘色色粉調些水，刷在薯條上方，做出炸得焦香的感覺。

---

e

發酵&蒸煮

蒸鍋中放水，加熱到50℃左右熄火，成品置於鍋中蓋上鍋蓋保留1公分空隙進行發酵，待發酵至原本的1.5倍大，觸摸起來像棉花糖般柔軟有彈性。開中火蒸煮，待水沸騰冒出蒸汽後計時8分鐘關火，再燜2分鐘後再慢慢開蓋。

美姬小撇步

❊薯條不要放得太滿，以免麵皮蓋不起來。

Flowers Bloom Season

陌上花開

「陌上花開，可緩緩歸矣。」
說的是期盼妻子回家卻不忍催促的心情，
成就一件事情的背後，家人的支持很重要。
親愛的，謝謝你！

材料（1只）

白色麵團20克、紫色麵團5克、
淺黃色麵團少許、深粉色色粉少許

做法 ▸ *Step by Step*

麵團

依P.16「可以用手揉製作饅頭麵團嗎？」、P.18「如何運用攪拌機製作饅頭麵團？」，做出完美的饅頭麵團。

調色&分割

依P.20「如何讓麵團五顏六色」，完成白色、紫色及淺黃色麵團調色，並分割成白色麵團20克×1、紫色麵團5克×1、淺黃色麵團少許。

造型

1

將20克白色麵團滾圓後推高，用翻糖工具在頂部壓出凹槽。

2

5克紫色麵團滾圓，覆蓋烘焙紙壓平，用菊花模型壓出花朵。

3

使用翻糖工具將花瓣壓出花紋，小心使力，以免將花瓣壓破。

4

壓出花紋的花瓣，黏貼在白色麵團頂端。

5

用翻糖工具在中央往下壓，花瓣會自然捲翹起來。

6

取淺黃色麵團，搓出紅豆大小的小圓，貼在花心當作花蕊。

裝飾

深粉色色粉加水，塗抹在花瓣的邊緣處，彩繪出更加自然的感覺。

發酵&蒸煮

蒸鍋中放水，加熱到50℃左右熄火，成品置於鍋中蓋上鍋蓋保留1公分空隙進行發酵，待發酵至原本的1.5倍大，觸摸起來像棉花糖般柔軟有彈性。開中火蒸煮，待水沸騰冒出蒸汽後計時8分鐘關火，再燜2分鐘後再慢慢開蓋。

❊花瓣用工具壓過後，會顯得更加自然。

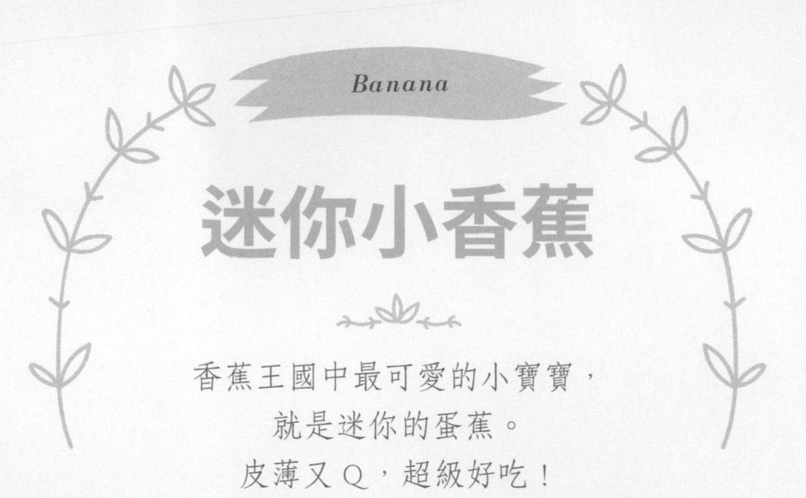

Banana

迷你小香蕉

香蕉王國中最可愛的小寶寶，
就是迷你的蛋蕉。
皮薄又Q，超級好吃！

做法請見下一頁！

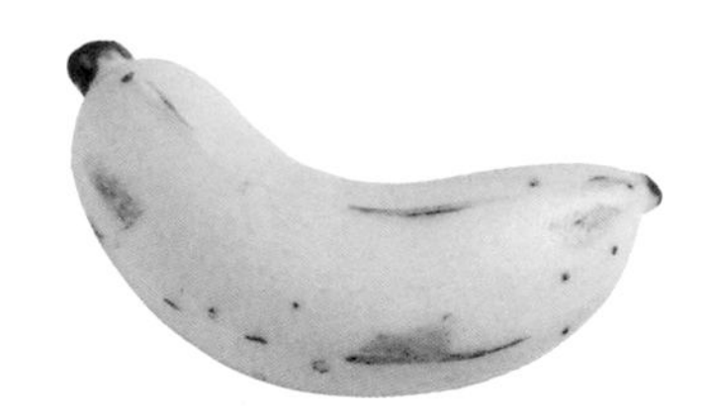

材料（1根）

白色麵團10克、黃色麵團10克、可可粉少許

做法▸ *Step by Step*

a 麵團

依P.16「可以用手揉製作饅頭麵團嗎？」、P.18「如何運用攪拌機製作饅頭麵團？」，做出完美的饅頭麵團。

b 調色&分割

依P.20「如何讓麵團五顏六色」，完成白色麵團及黃色麵團調色，並將調好色的麵團分割成白色10克×1、黃色麵團10克×1。

c 造型

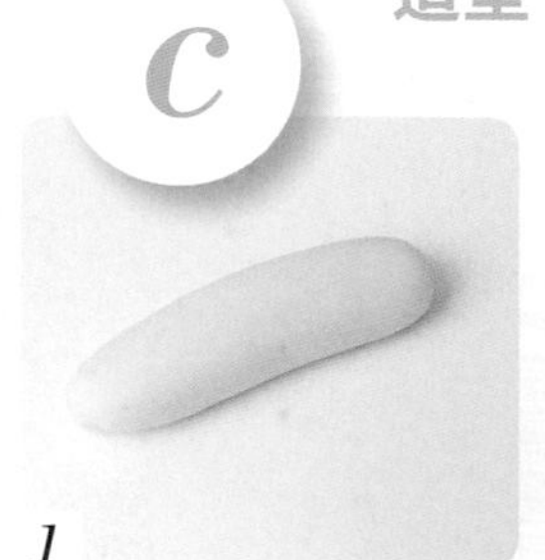

1

將10克白色麵團滾圓搓成略細的圓柱體，當成香蕉肉。

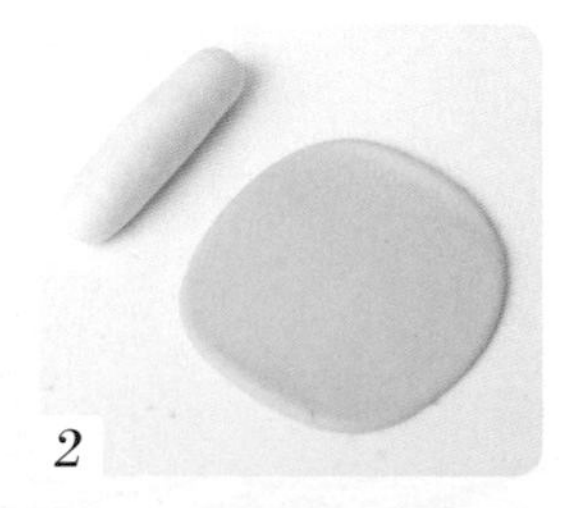

2

將10克黃色麵團滾圓後，用擀麵棍擀成橢圓形麵皮（麵皮大小須可將圓柱體包起），當成香蕉皮。

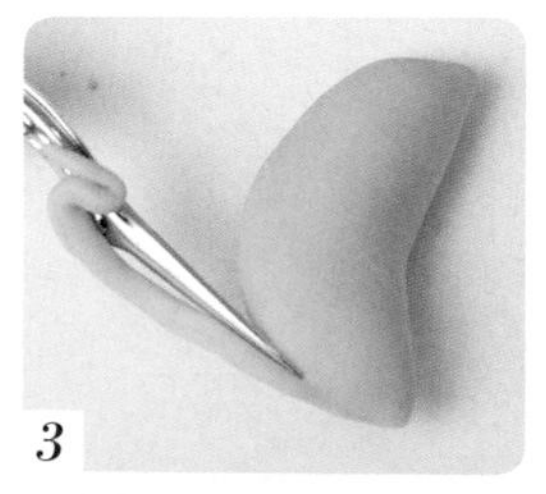

3

黃色麵皮翻面，將白色麵團擺上來包裹住，封口處多餘的麵皮剪掉。

頭尾捏出香蕉的弧度。

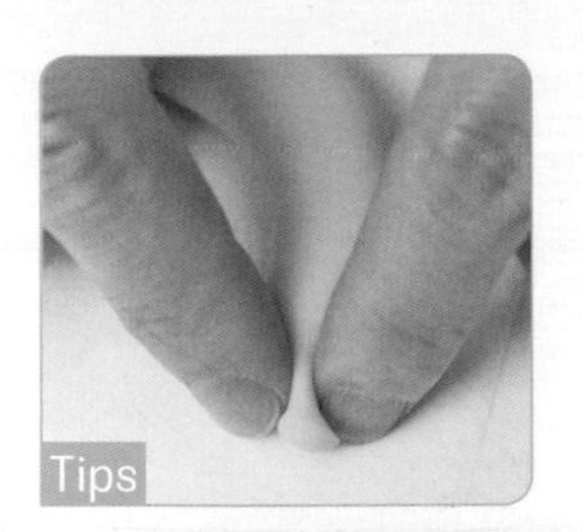

尾部不用太尖；香蕉頭的地方用手指擋一下，就可以做出香蕉頭。

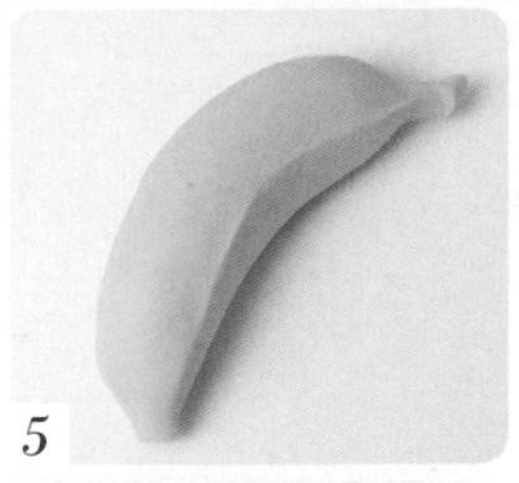

側邊捏出兩條立體的線條，讓造型更形似香蕉。

裝飾

將可可粉加水調出色膏狀，用細毛刷在立體的線條處彩繪出熟了的斑紋（圖1），再用牙籤沾可可粉色膏，在表面點上一些小斑點（圖2）。

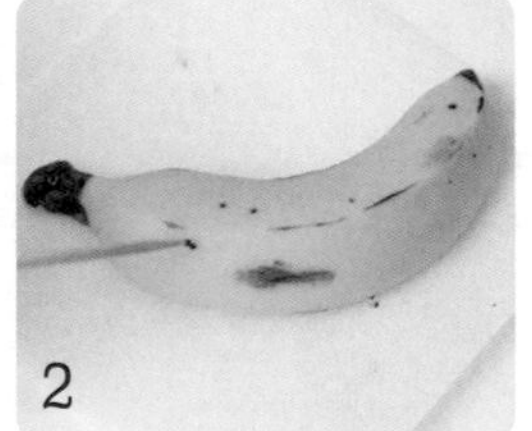

發酵&蒸煮

蒸鍋中放水，加熱到50℃左右熄火，成品置於鍋中蓋上鍋蓋保留1公分空隙進行發酵，待發酵至原本的1.5倍大，觸摸起來像棉花糖般柔軟有彈性。開中火蒸煮，待水沸騰冒出蒸汽後計時8分鐘關火，再燜2分鐘後再慢慢開蓋。

美姬小撇步

❊ 香蕉要略微搓細，發酵後才會像香蕉，如果太胖，蒸完就會像地瓜。
❊ 如果要香蕉皮能剝開，可以在香蕉肉的白色麵團塗上些許沙拉油，再用香蕉皮包裹起來。

Pink Octopus

粉紅泡泡章魚

最愛拔饅頭上小球吃的小朋友開心了，
好多隻腳腳可以拔來吃！
粉紅泡泡腳吃好也吃飽！

材料（1只）

粉色麵團28克、深粉色、紅色、黑色及白色麵團少許、紅麴粉少許

做法 ▸ *Step by Step*

麵團

依P.16「可以用手揉製作饅頭麵團嗎？」、P.18「如何運用攪拌機製作饅頭麵團？」，做出完美的饅頭麵團。

調色&分割

依P.20「如何讓麵團五顏六色」，完成粉色、深粉色、紅色、黑色麵團調色，再將調好色的麵團分割成粉色麵團20克×1、1克×8。

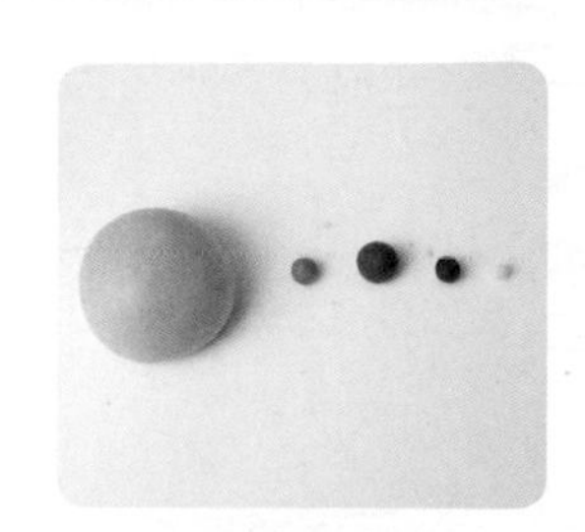

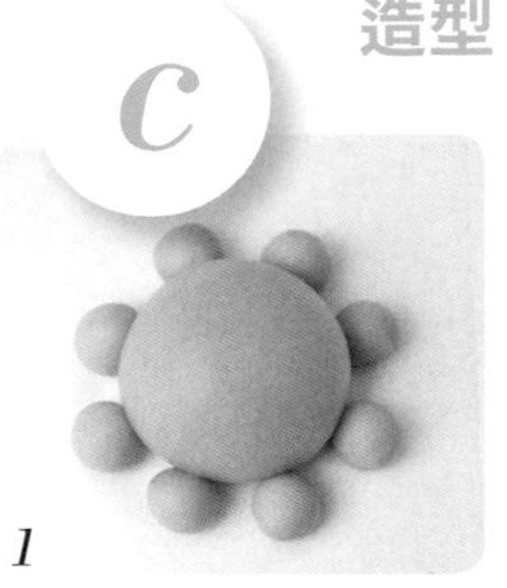

c 造型

1

將20克粉色麵團推成略高的圓形做身體，將8份1克的粉色麵團搓圓，擺在身體的四周當作章魚腳。

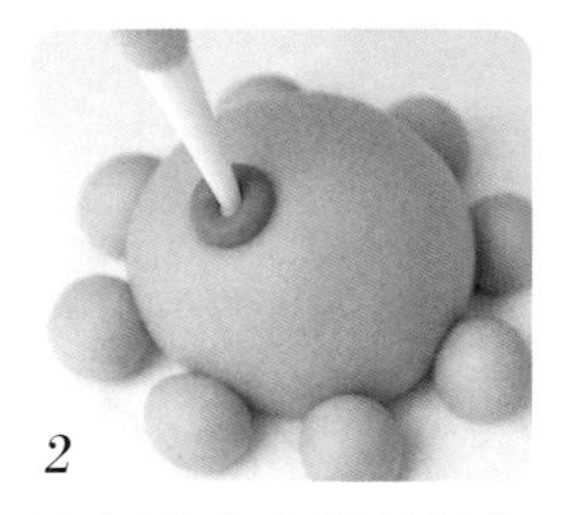

2

取紅豆大小的深粉色麵團搓圓，貼在圓球一半的位置當作嘴巴，用翻糖工具壓出嘟嘟嘴的模樣。

3

取白色麵團搓成小圓壓扁貼在臉上，當作眼白。

4

取黑色麵團搓成小點做出眼珠，貼在眼白上。

5

取1克紅色麵團搓出小球，做出蝴蝶結的形狀，黏貼在頭上。

6

用翻糖工具壓出蝴蝶結折痕。

d 裝飾

將紅麴粉調成粉紅色，在臉部畫上腮紅，完成作品。

e 發酵&蒸煮

蒸鍋中放水，加熱到50℃左右熄火，成品置於鍋中蓋上鍋蓋保留1公分空隙進行發酵，待發酵至原本的1.5倍大，觸摸起來像棉花糖般柔軟有彈性。開中火蒸煮，待水沸騰冒出蒸汽後計時8分鐘關火，再燜2分鐘後再慢慢開蓋。

美姬小撇步

- 章魚腳擺放時要放在身體周圍，而不是身體下方，這樣發酵蒸煮後才不會被身體壓到看不到腳。
- 沒有做蝴蝶結光頭也很可愛。

飯糰君的朝日

做法請見下一頁！

Rice Ball

飯糰君的朝日

一日之計在於晨，早起 10 分鐘，
就可以回蒸好一鍋軟呼呼的飯糰君做早餐，
怎麼想都划算！甘巴爹！

材料（4只）

- 白色麵團80克、黑色麵團10克、紅麴粉少許

做法▸ *Step by Step*

麵團

依P.16「可以用手揉製作饅頭麵團嗎？」、P.18「如何運用攪拌機製作饅頭麵團？」，做出完美的饅頭麵團。

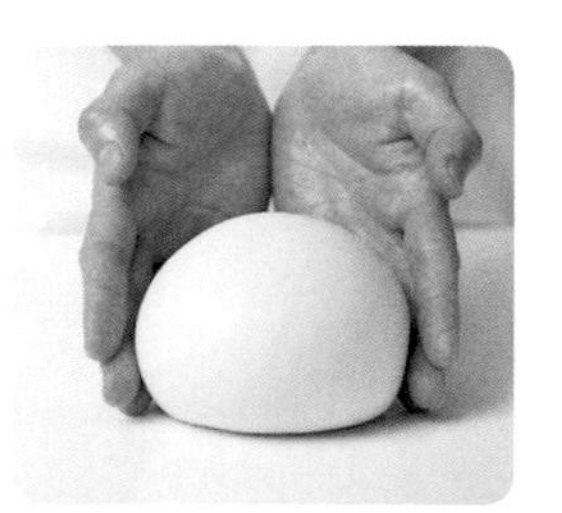

---

b

調色&分割

依P.20「如何讓麵團五顏六色」，完成白色麵團及黑色麵團調色，並將調好色的麵團分割成白色80克×1、黑色麵團10克×1。

c 造型

1

將80克白色麵團搓圓，擀成正方形麵皮。

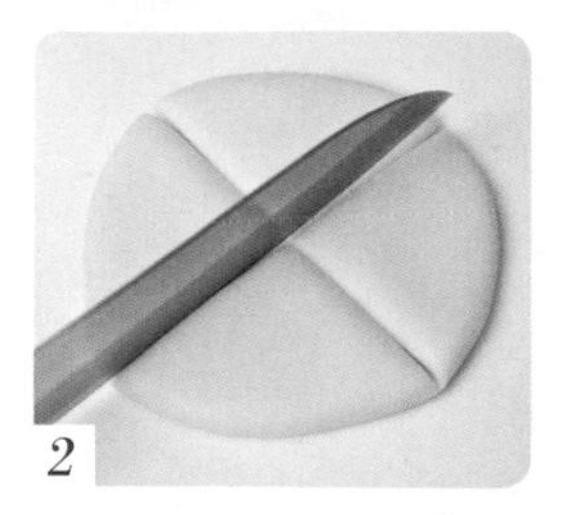

2

將正方形麵皮用刀子切出四份三角形。

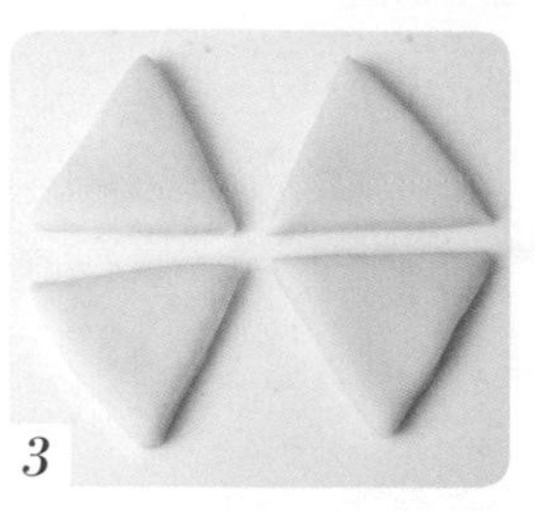

3

將四份三角形切掉周圍不整齊的部位，成正三角形。

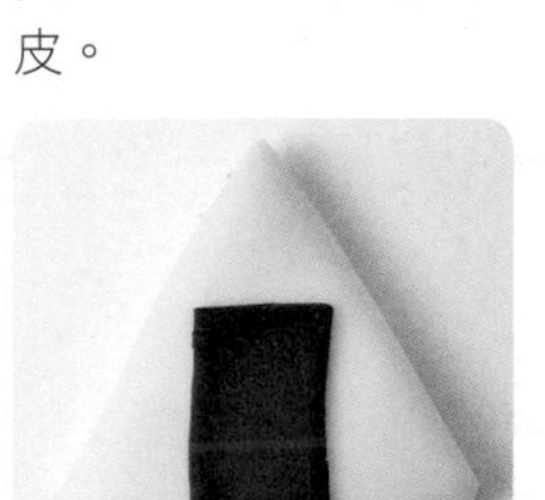

4

將10克黑色麵團搓圓，擀成正方形麵皮，用刀子切出四份長方形，貼在三角形底部。

Tips

貼在三角形的尖端也可以。

5

取剩餘的黑色麵團，搓出小點和線條，做成眼睛及嘴巴。

裝飾

將紅麴粉調成粉紅色，在臉部畫上腮紅，完成。

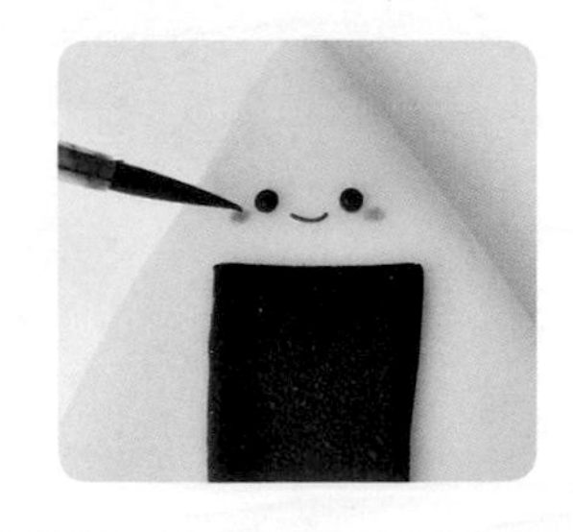

發酵&蒸煮

蒸鍋中放水，加熱到50℃左右熄火，成品置於鍋中蓋上鍋蓋保留1公分空隙進行發酵，待發酵至原本的1.5倍大，觸摸起來像棉花糖般柔軟有彈性。開中火蒸煮，待水沸騰冒出蒸汽後計時8分鐘關火，再燜2分鐘後再慢慢開蓋。

美姬小撇步

＊黑色麵皮略薄一點，會有海苔的效果。

Cute Bee

愛心蜜蜂

嗡嗡嗡，飛舞在餐盤中的可愛小精靈，
把翅膀做成粉紅色，滿滿少女心！

材料（1只）

黃色麵團20克、粉色麵團3克、黑色麵團11克、白色麵團少許、紅麴粉少許

做法 ▸ *Step by Step*

麵團

依P.16「可以用手揉製作饅頭麵團嗎？」、P.18「如何運用攪拌機製作饅頭麵團？」，做出完美的饅頭麵團。

---

b 調色&分割

依P.20「如何讓麵團五顏六色」，完成黃色、粉色、黑色麵團調色，再將調好色的麵團分割成黃色麵團20克×1；粉色麵團2克×1；黑色麵團10克×1、1克×1。

---

c 造型

1

將20克黃色麵團推成橢圓形，做出蜜蜂身體。

2

將10克的黑色麵團擀成麵皮，用切板切出兩條細麵條，黏貼在身體中央。

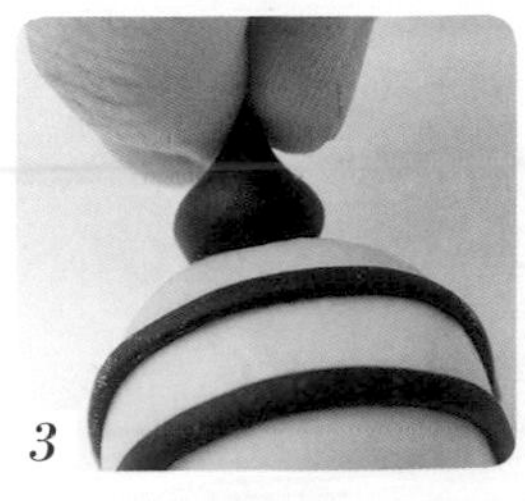

3

取1克黑色麵團搓圓，貼在身體後方，將黑色部位搓出毛尖，當作蜜蜂的尖刺。

4

將2克粉色麵團搓成圓球，用翻糖工具滾壓出蝴蝶結的樣子；略微壓扁當作翅膀，貼在小蜜蜂的背上。

5

取黑色麵團搓出小點做出眼珠；取白色麵團搓出小圓點，做出眼睛上的亮光。

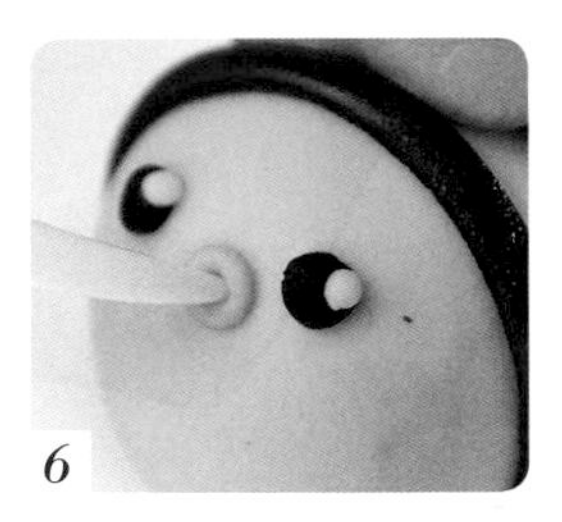

6

取剩餘的粉色麵團，搓出紅豆大小的小圓，貼在眼睛中間的下方，當作嘴巴，用翻糖工具壓出嘟嘟嘴的模樣。

裝飾

將紅麴粉調成粉紅色，在臉部畫上腮紅，完成作品。

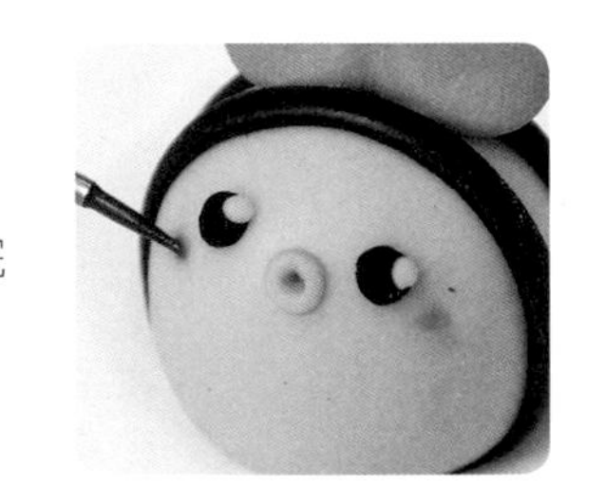

發酵&蒸煮

蒸鍋中放水，加熱到50℃左右熄火，成品置於鍋中蓋上鍋蓋保留1公分空隙進行發酵，待發酵至原本的1.5倍大，觸摸起來像棉花糖般柔軟有彈性。開中火蒸煮，待水沸騰冒出蒸汽後計時8分鐘關火，再燜2分鐘後再慢慢開蓋。

美姬小撇步

❄翅膀要保留厚度，才站得住，否則發酵蒸煮完後，會塌陷歪斜。

Baby Elephant

夢想小象

用愛的角度看世界，會發現很多美景；
用愛的眼光看孩子，會發覺很多可愛；
用愛的眼光看自己，接納自己，更愛自己！

做法請見下一頁！

材料（1只）

- 藍色麵團25.5克、粉色麵團3克、黑色麵團少許、紅麴粉少許

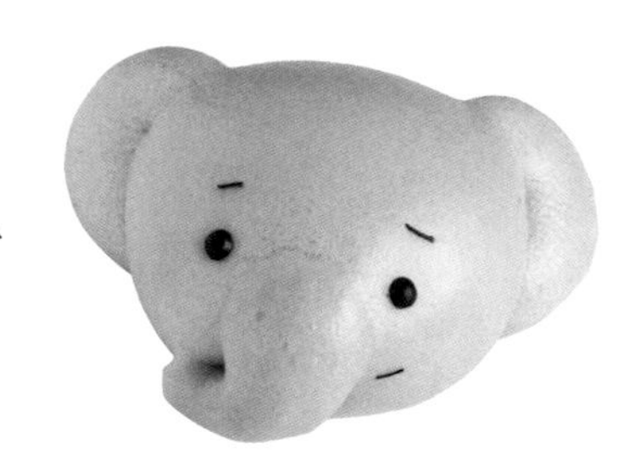

做法 ▸ *Step by Step*

a 麵團

依P.16「可以用手揉製作饅頭麵團嗎？」、P.18「如何運用攪拌機製作饅頭麵團？」，做出完美的饅頭麵團。

b 調色&分割

依P.20「如何讓麵團五顏六色」，完成藍色、粉色、黑色麵團調色，再將調好色的麵團分割成藍色麵團20克×1、4克×1、1.5克×1；粉色麵團3克×1。

c 造型

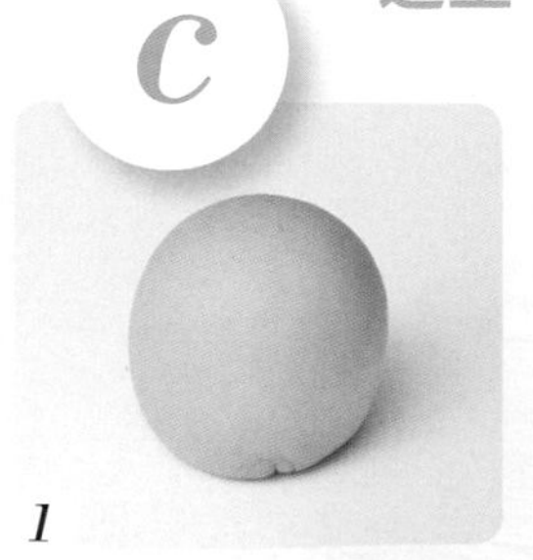

1

將20克藍色麵團推成略高的圓形。

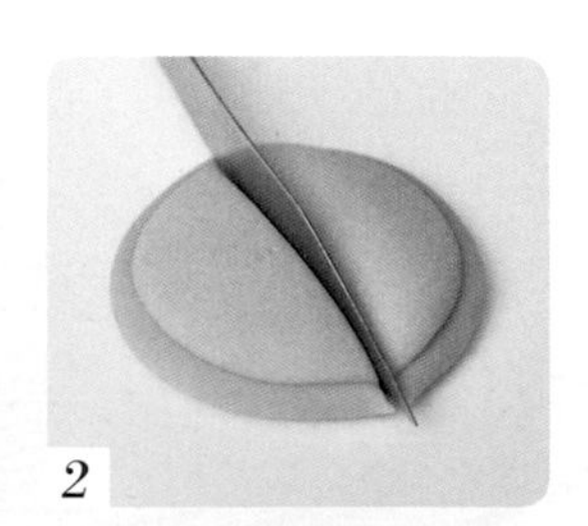

2

將4克藍色和3克粉色麵團分別擀成橢圓形麵皮；將藍色及粉色麵皮重疊後壓平，用切板分割出兩片耳朵。

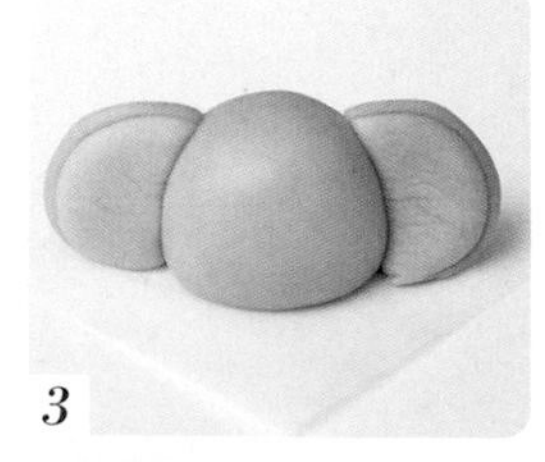

3

耳朵貼在頭的兩側，如果麵團比較乾燥，可以擦一點清水。

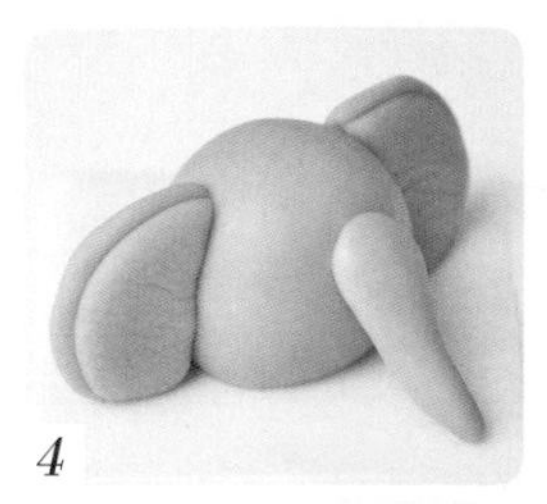

4

將1.5克藍色麵團搓成水滴形，黏貼在臉部中央當作大象鼻子，鼻子可以擺放成不同的姿勢。

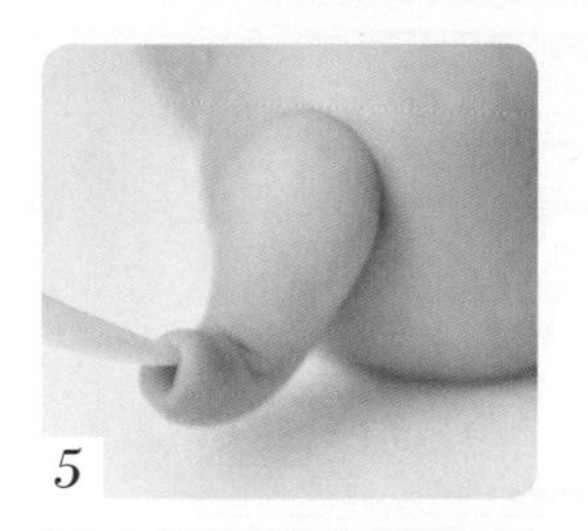

5

用工具壓出小洞當作鼻孔。

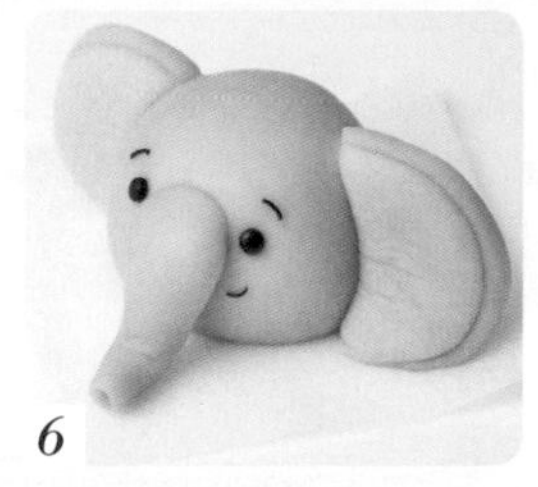

6

取黑色麵團搓出小點和線條，裝飾大象的眼睛、眉毛及嘴巴。

d 裝飾

將紅麴粉調成粉紅色，在臉部畫上腮紅，完成作品。

e 發酵&蒸煮

蒸鍋中放水，加熱到50℃左右熄火，成品置於鍋中蓋上鍋蓋保留1公分空隙進行發酵，待發酵至原本的1.5倍大，觸摸起來像棉花糖般柔軟有彈性。開中火蒸煮，待水沸騰冒出蒸汽後計時8分鐘關火，再燜2分鐘後再慢慢開蓋。

美姬小撇步

❄ 耳朵要盡量直立貼在臉部兩側，以免發酵後耳朵變形。

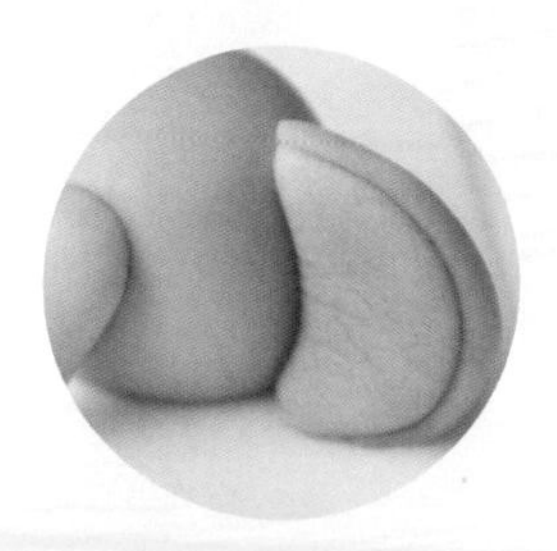

Cotton-padded Jacket

貼心小棉襖

都說女兒是媽媽的小棉襖，可愛又貼心。
媽媽為妳做一件小棉襖，溫暖妳的早晨！

材料（1只）

紫色麵團26克、白色麵團10克、黃色麵團2克、紫薯粉少許、竹炭粉少許

做法 ▸ *Step by Step*

a 麵團

依P.16「可以用手揉製作饅頭麵團嗎？」、P.18「如何運用攪拌機製作饅頭麵團？」，做出完美的饅頭麵團。

b 調色&分割

依P.20「如何讓麵團五顏六色」，完成紫色麵團、白色及黃色麵團調色，並分割成紫色麵團20克×1、2克×3；白色麵團10克×1；黃色麵團2克×1。

c 造型

1

將20克紫色麵團滾圓，推出上小下大的梯形，當成衣服主體。

2

將2克×2紫色麵團滾圓，搓成水滴形，貼在衣服主體的兩側做袖子，並用翻糖工具壓出袖口的凹洞。

3

將2克×1紫色麵團滾圓，搓成長條狀，做成圓圈狀，置於衣服頂端當成領子。

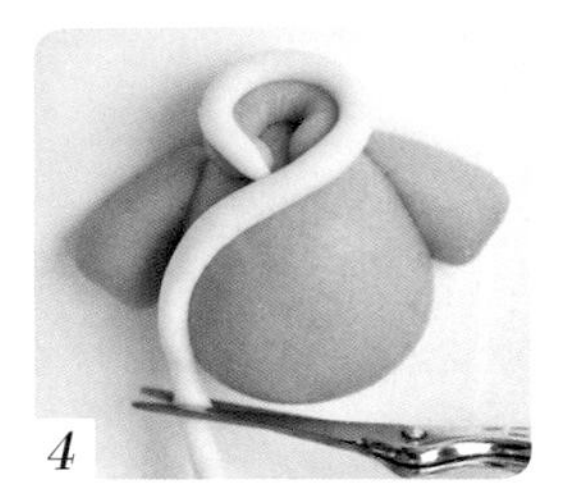

4

將10克白色麵團搓成長線條，在領子圈上一圈，做出毛邊效果，白色線條多餘的部分可以剪去。

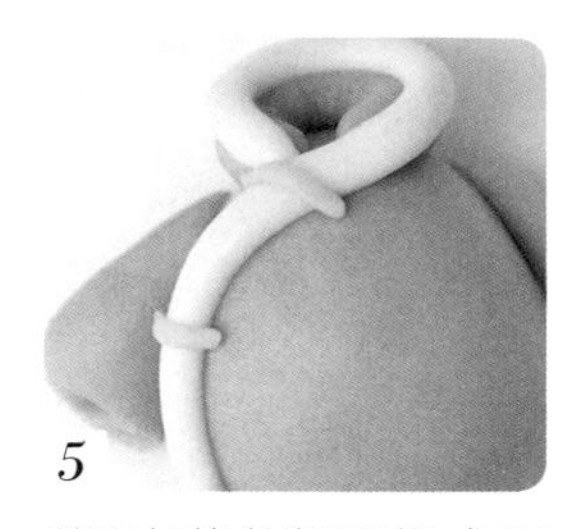

5

將2克黃色麵團搓成長條，取2段，貼在領口和胸口位置。

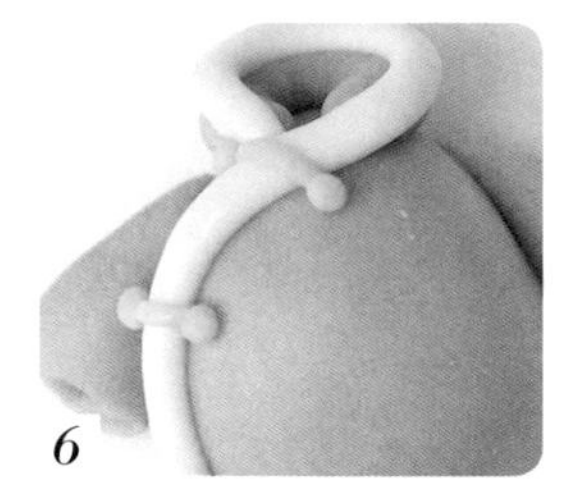

6

再取剩餘的黃色麵團，搓成4顆小圓，貼在黃色線條上當作盤釦。

d

裝飾

紫薯粉、竹炭粉加水混合均勻，在衣服上畫上花朵圖案，讓小棉襖更精美。

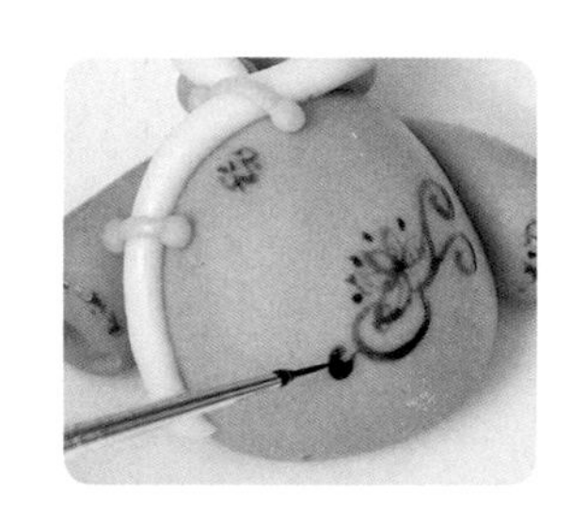

e

發酵&蒸煮

蒸鍋中放水，加熱到50℃左右熄火，成品置於鍋中蓋上鍋蓋保留1公分空隙進行發酵，待發酵至原本的1.5倍大，觸摸起來像棉花糖般柔軟有彈性。開中火蒸煮，待水沸騰冒出蒸汽後計時8分鐘關火，再燜2分鐘後再慢慢開蓋。

美姬小撇步

＊黏貼毛邊的白色長麵條盡量加速，以免長麵條過於乾燥，就無法彎出自然的弧度。

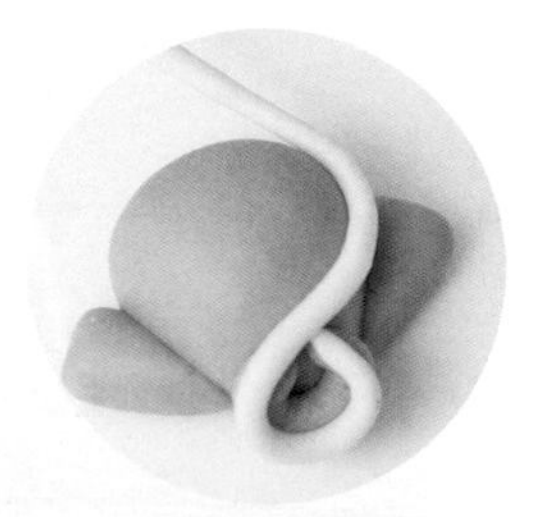

Macaron

微甜馬卡龍

浪漫精美小巧迷人，低糖不怕胖，
美麗媽咪必不可少的低卡下午茶！

做法請見下一頁！

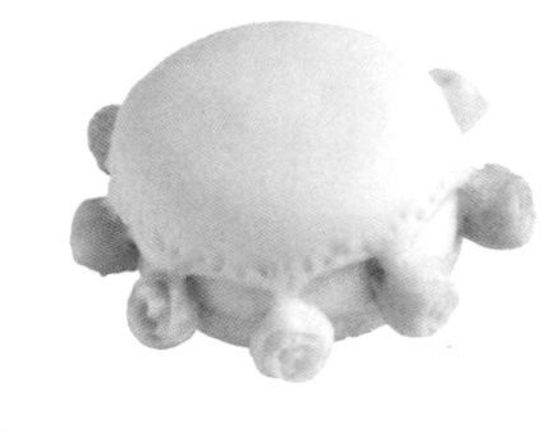

材料（4個）

粉色、綠色、藍色、黃色麵團各15克、
白色麵團12克

做法▶ *Step by Step*

a 麵團

依P.16「可以用手揉製作饅頭麵團嗎？」、P.18「如何運用攪拌機製作饅頭麵團？」，做出完美的饅頭麵團。

b 調色&分割

依P.20「如何讓麵團五顏六色」，完成粉色、綠色、藍色及黃色麵團調色，再將調好色的麵團分割成粉色麵團6克×2、綠色麵團6克×2、藍色麵團6克×2、黃色麵團6克×2及白色麵團3克×4，其餘備用。

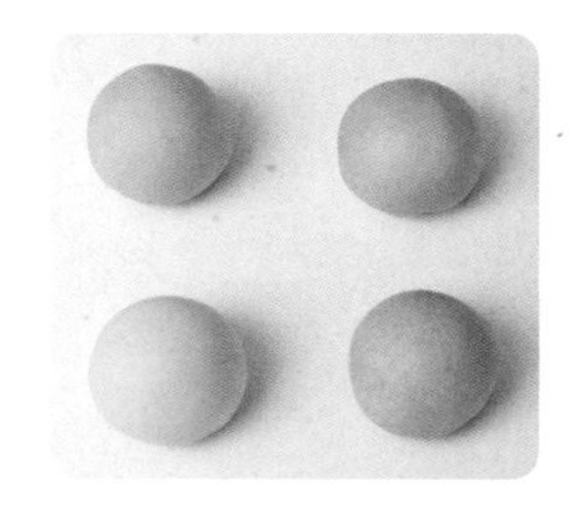

c 造型

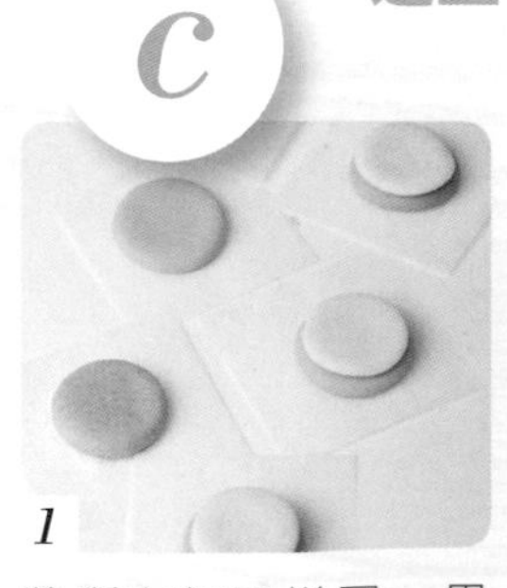

1 將所有麵團搓圓，用掌心將麵團壓扁，將白色麵皮夾在彩色麵皮中間。

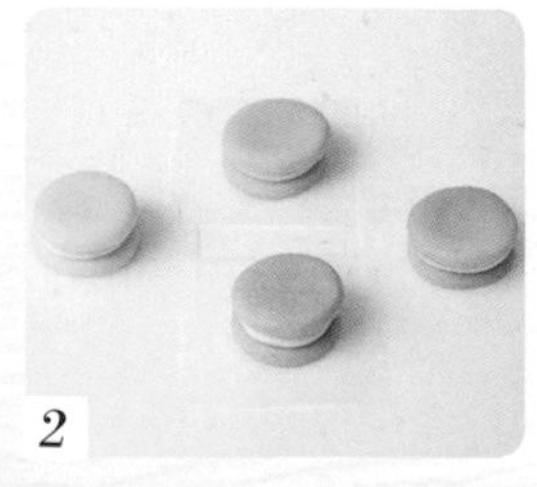

2 將麵皮組合成馬卡龍。

3 用牙籤在彩色面皮一半的位置由下往上挑出小洞，做出馬卡龍裙邊效果。

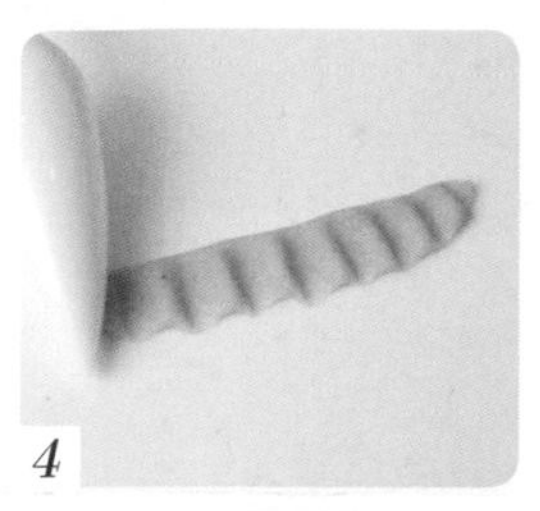

4

取少許各色麵團，搓出長條，用翻糖工具壓出波浪感。

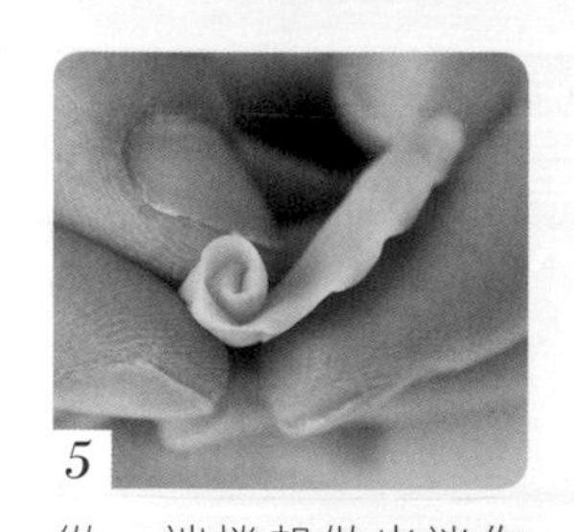

5

從一端捲起做出迷你花朵。

6

黏貼在馬卡龍的中間位置。

裝飾

將小花裝飾在白色麵皮四周，做出最流行的馬卡龍花朵夾心。

e 發酵&蒸煮

蒸鍋中放水，加熱到50℃左右熄火，成品置於鍋中蓋上鍋蓋保留1公分空隙進行發酵，待發酵至原本的1.5倍大，觸摸起來像棉花糖般柔軟有彈性。開中火蒸煮，待水沸騰冒出蒸汽後計時8分鐘關火，再燜2分鐘後再慢慢開蓋。

美姬小撇步

- 馬卡龍表面可以略微壓凹，發酵後才會呈現平坦的表皮。
- 做這個作品最重要的是調色，顏色要調得粉粉嫩嫩的，就能為造型加分，至於花朵裝飾，一點都不影響。

Wish You a Good Year

年年好菜頭

蘿蔔又叫菜頭，菜頭諧音為「彩頭」，
這麼好兆頭的造型當然要多做一點！
饋贈親友必能體會到你用心手作祝福！

材料（1只）

白色麵團21克、綠色麵團6克、紅色麵團3克

做法▸ *Step by Step*

麵團

依P.16「可以用手揉製作饅頭麵團嗎？」、P.18「如何運用攪拌機製作饅頭麵團？」，做出完美的饅頭麵團。

---

b

調色&分割

依P.20「如何讓麵團五顏六色」，完成白色、綠色及紅色麵團調色，並分割成白色麵團20克×1、綠色麵團6克×1及紅色麵團3克×1，其餘備用。

造型

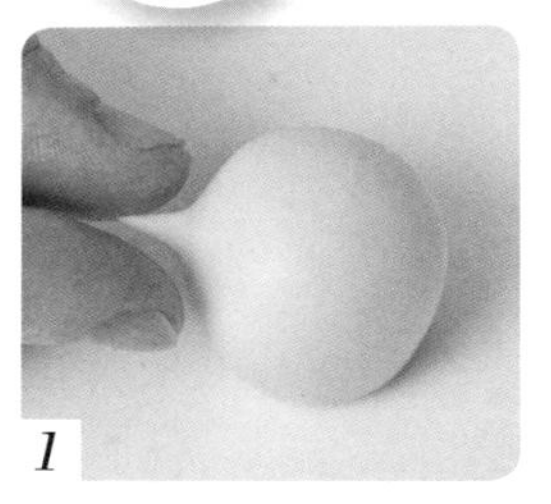

1

將20克白色麵團滾圓後略微推高，在圓的那頭用手搓細，做出蘿蔔鬚的位置。

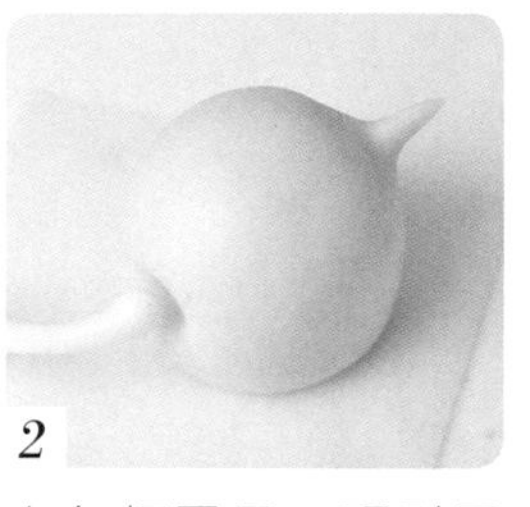

2

白色麵團另一頭則用翻糖工具壓出凹洞，準備做出蘿蔔頭的效果。

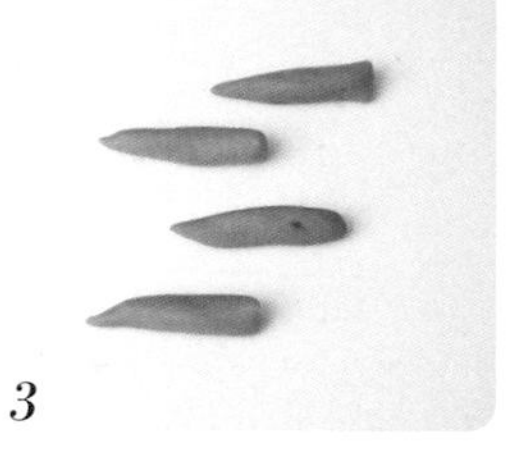

3

綠色麵團搓成長條，分成4段，將每一段的長條一端搓尖。

4

用翻糖工具沿著長條兩側壓出蘿蔔葉子的紋理，將4片葉子的尖頭組合在一起。

Tips

每一段要分次按壓，才有葉子的模樣。

5

將4片葉子組合黏貼在蘿蔔頭的位置。

6

紅色麵團搓成細線（要能圈起蘿蔔的長度），圈在蘿蔔身上，做出紅繩的效果。

7

紅色麵團取紅豆大小，先滾出橄欖形，再用翻糖工具將中間滾細。

8

略微壓扁做出小領巾的樣子，貼在紅線上，用翻糖工具壓出紋路。

9

用小刀切出2、3條蘿蔔的紋理。

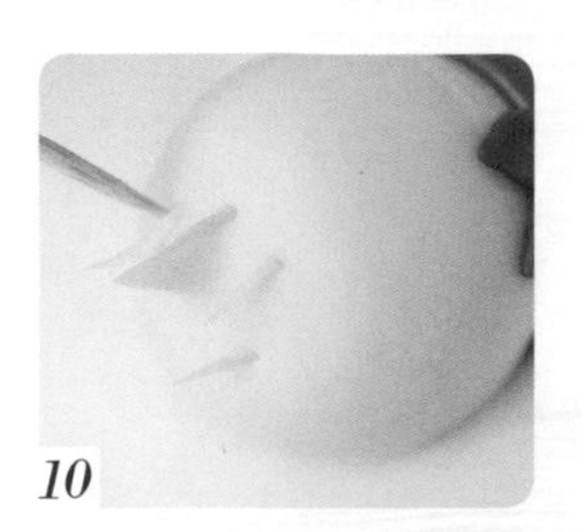

10

取少許白色麵團搓出細線，做出蘿蔔的發財鬚，以牙籤刺入麵團中。

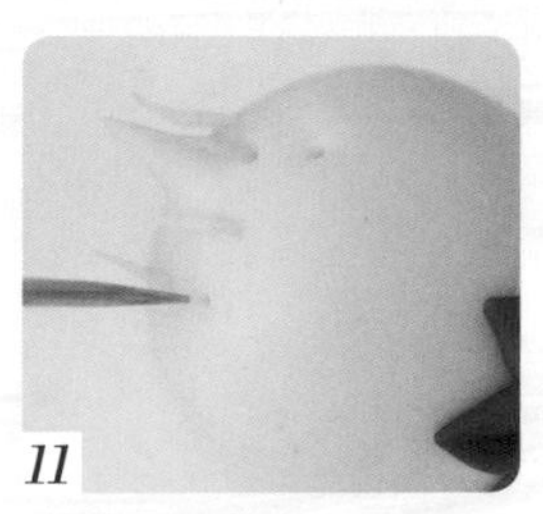

11

再於蘿蔔表面刺幾個小洞，做出蘿蔔身上凹洞自然的感覺。

發酵&蒸煮

蒸鍋中放水，加熱到50℃左右熄火，成品置於鍋中蓋上鍋蓋保留1公分空隙進行發酵，待發酵至原本的1.5倍大，觸摸起來像棉花糖般柔軟有彈性。開中火蒸煮，待水沸騰冒出蒸汽後計時8分鐘關火，再燜2分鐘後再慢慢開蓋。

裝飾

蒸完後用印章蓋上「旺」字，今年運道一定旺！

美姬小撇步

- 蘿蔔小饅頭一蒸完就要按章，等饅頭涼了就不好蓋。
- 蓋章時，水分不要太多，否則字會暈開。

一口小饅頭高階班

或許這次做醜了，或這次做歪了，
但是沒關係，再努力、再試一試，
下一次一定會更棒！

Pork Meatballs

豬肉丸子來一串

老闆！老闆！
豬肉丸子來一串！全素的哦！

材料（1串）

- 粉紅色麵團35克、黑色麵團少許、竹炭粉少許

做法 ▸ *Step by Step*

麵團

依P.16「可以用手揉製作饅頭麵團嗎？」、P.18「如何運用攪拌機製作饅頭麵團？」，做出完美的饅頭麵團。

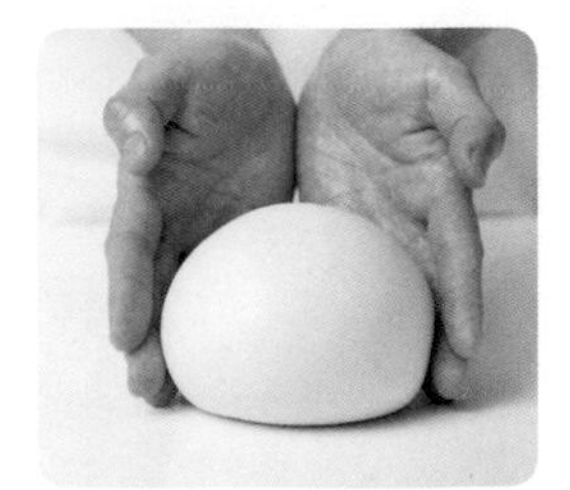

---

b

調色&分割

依P.20「如何讓麵團五顏六色」，完成粉紅及黑色麵團調色，並將調好色的麵團分割成粉紅色麵團10克×3、5克×1；黑色麵團少許。

造型

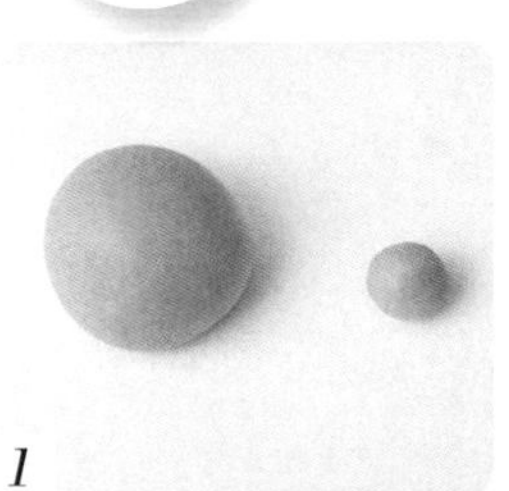

1

取1顆10克及5克的粉紅色麵團分別滾圓。

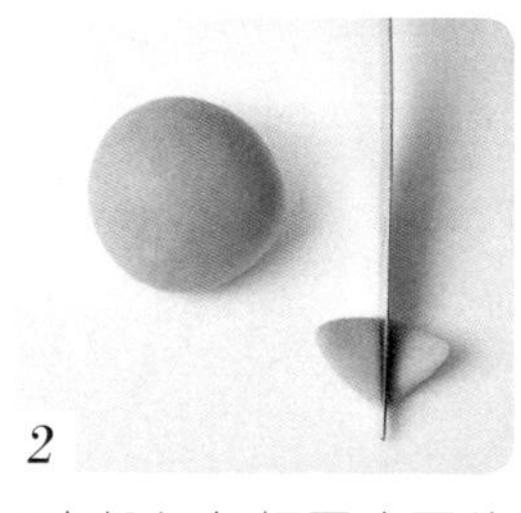

2

5克粉紅色麵團滾圓後，搓出3顆紅豆大小的麵團分別搓圓後，再搓成橄欖形，對切出兩個耳朵。

3

將耳朵貼在頭頂兩側。

4

再取剩餘的粉紅色麵團，取1顆紅豆大小搓圓，貼在臉部中間做鼻子。

5

用牙籤刺出兩個鼻孔及嘴巴。

6

將竹炭粉與水混合均勻，畫出小點當作眼睛。

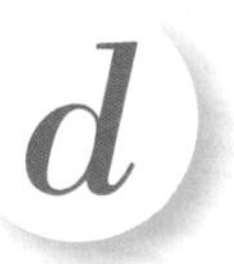

裝飾

將紅麴粉調成粉紅色，在臉部畫上腮紅，完成作品。

e 發酵&蒸煮

蒸鍋中放水，加熱到50℃左右熄火，成品置於鍋中蓋上鍋蓋保留1公分空隙進行發酵，待發酵至原本的1.5倍大，觸摸起來像棉花糖般柔軟有彈性。開中火蒸煮，待水沸騰冒出蒸汽後計時8分鐘關火，再燜2分鐘後再慢慢開蓋。

美姬小撇步

- 串時用旋轉的方式，才不會把饅頭戳到變形，中間也需要留一點空間，以免蒸煮時黏在一起。

- 豬的表情，會因眼睛的不同而有所改變；就連耳朵也可以有些差異，增加趣味。

- 如果想試試高難度的，也可以用黑色麵團搓成小黑點及小細線，來當作眼睛及眉毛、嘴巴等。

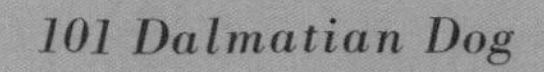

101 斑點狗狗

狗狗是家人，牠們要的不多，
卻回報給我們全部的愛與信任。
一起給浪浪一個家，認養替代購買。

材料（1只）

白色麵團24克、黑色麵團3克、
紅色麵團少許、紅麴粉少許

做法▸ *Step by Step*

麵團

依P.16「可以用手揉製作饅頭麵團嗎？」、
P.18「如何運用攪拌機製作饅頭麵團？」，
做出完美的饅頭麵團。

b 調色&分割

依P.20「如何讓麵團五顏六色」，完成白色、黑色及紅色麵團調色，再將調好色的麵團分割成白色麵團20克×1、2克×2、黑色及紅色麵團少許。

造型

1

將20克白色麵團滾圓當作狗狗的頭。

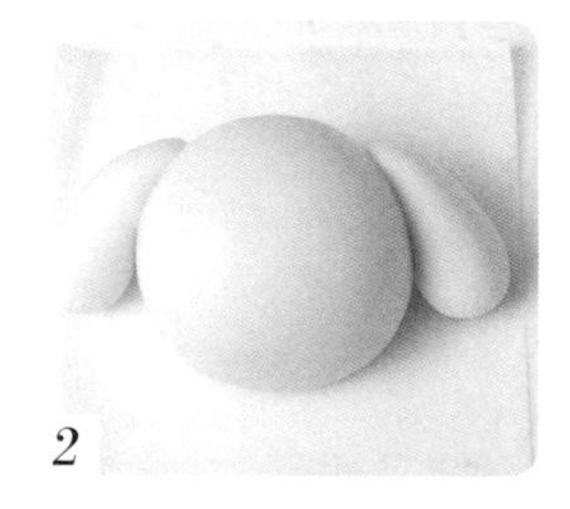

2

將2顆2克的白色麵團滾圓，搓成水滴形，貼在頭的兩側當作耳朵。

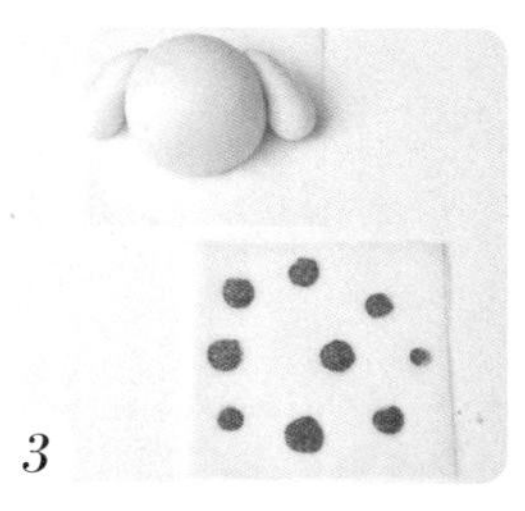

3

取黑色麵團，隨意搓出幾顆大小不一的小球，用兩張饅頭紙夾著小球壓平。

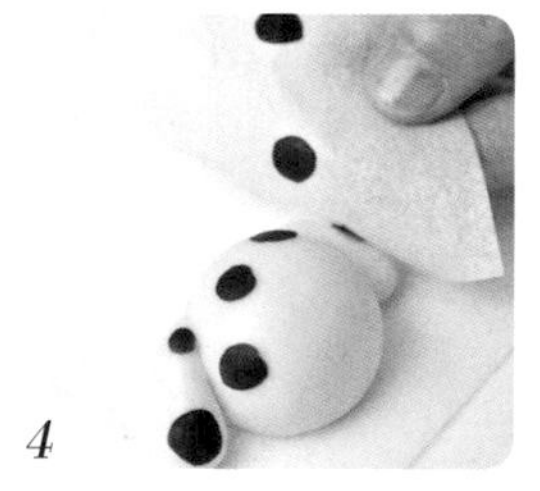

4

以饅頭紙將黑色麵皮直接貼在頭上。

5

取黑色麵團搓出2個小點做出眼睛；取1個比眼睛略大的黑色小圓當作鼻子。

6

取黑色麵團，搓出長條，取小段黏貼在臉上，當作眉毛及嘴巴。

7

取紅色麵團，搓出1個綠豆大小的小圓，放在嘴巴下方，當成舌頭。

Tips

用牙籤壓出凹槽，做出狗狗吐舌頭的俏皮模樣。

8

取白色麵團搓出2顆比眼睛還小的小圓球，當成眼睛亮光。

d 裝飾

將紅麴粉調成粉紅色，在臉部畫上腮紅，完成作品。

發酵&蒸煮

蒸鍋中放水，加熱到50℃左右熄火，成品置於鍋中蓋上鍋蓋保留1公分空隙進行發酵，待發酵至原本的1.5倍大，觸摸起來像棉花糖般柔軟有彈性。開中火蒸煮，待水沸騰冒出蒸汽後計時8分鐘關火，再燜2分鐘後再慢慢開蓋。

美姬小撇步

❄貼黑色斑紋時，盡量避開眼睛部位，讓眼睛更顯眼。

Happy Bithday Bear

生日快樂熊

每個孩子的生日，就是媽媽的母難日。
但每個媽媽都願意承受這份辛苦，
因為即將迎來的是一生的喜悅。
寶貝們，謝謝你們來到這個世界，
讓我可以成為你們的媽媽，
完整我的生命，成為更好的自己！

材料（1只）

淺棕色麵團21克、白色麵團5.5克、紅色麵團6克、黑色麵團少許、紅麴粉少許

做法▸ *Step by Step*

a 麵團

依P.16「可以用手揉製作饅頭麵團嗎？」、P.18「如何運用攪拌機製作饅頭麵團？」，做出完美的饅頭麵團。

b 調色&分割

依P.20「如何讓麵團五顏六色」，完成淺棕色麵團、白色麵團、紅色麵團及黑色麵團調色，並分割成淺棕色麵團20克×1、1克×1；白色麵團0.5克×1、5克×1；紅色麵團5克×1、1克×1；黑色麵團少許。

造型

1

將20克淺棕色麵團滾圓後推高，當成小熊頭。

2

將1克淺棕色麵團滾圓後，搓成圓柱體，對切出兩個耳朵。

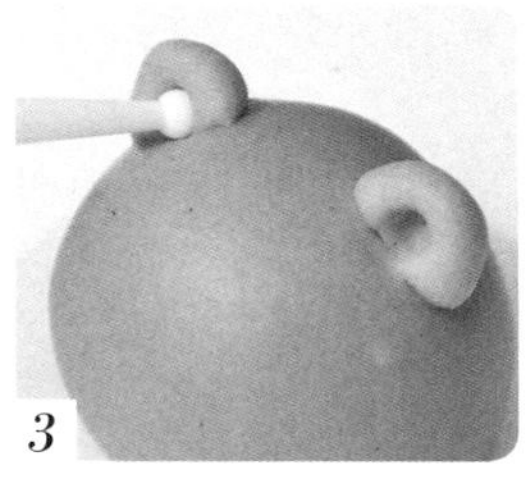

3

將耳朵黏貼在頭頂兩側，並用翻糖工具壓出耳窩。

4

將0.5克的白色麵團搓圓，貼在臉部中間略微壓扁，當作鼻子。

5

取黑色麵團，搓出小圓點來做成眼睛、鼻頭。

6

取剩餘的黑色麵團，搓出細線，做成人中、嘴巴及眉毛。

7

將1克紅色麵團，取約小米粒大小搓成圓球，貼在嘴巴的右上方，做出吃蛋糕舔嘴巴的感覺。

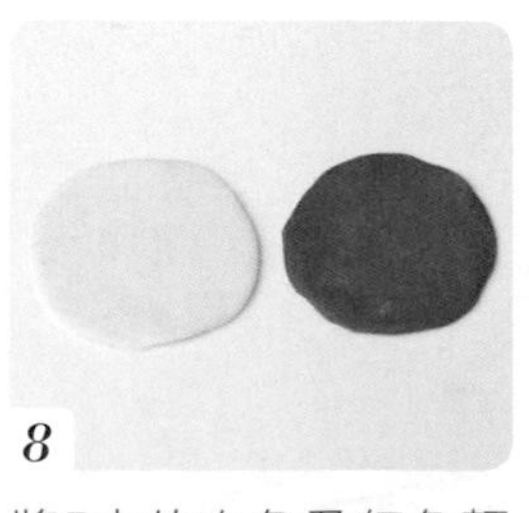

8

將5克的白色及紅色麵團搓圓，擀成2張圓形麵皮。

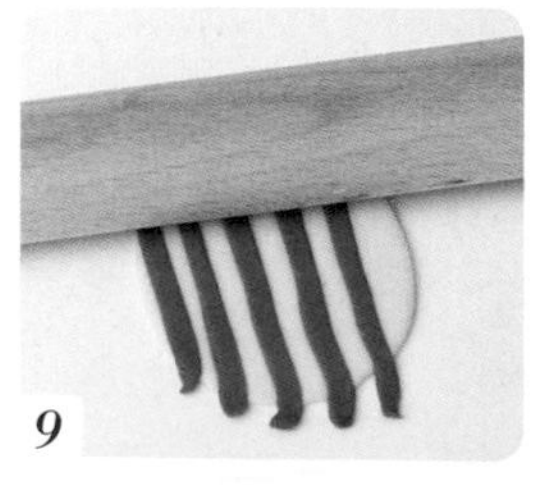

9

將紅色麵皮切出條狀，黏貼在白色麵皮表面，略微擀平。

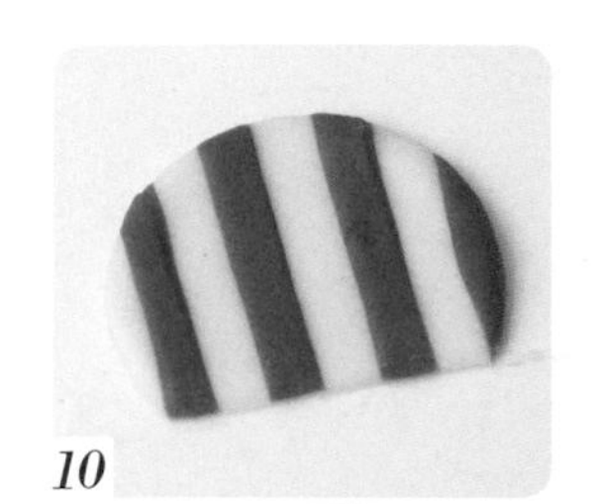

10

將麵皮切掉1/3，以圓形模具（3.8公分大小）壓出2/3的圓。

11

將大半圓的兩端捲起，做出生日帽的樣子，戴在小熊頭上。

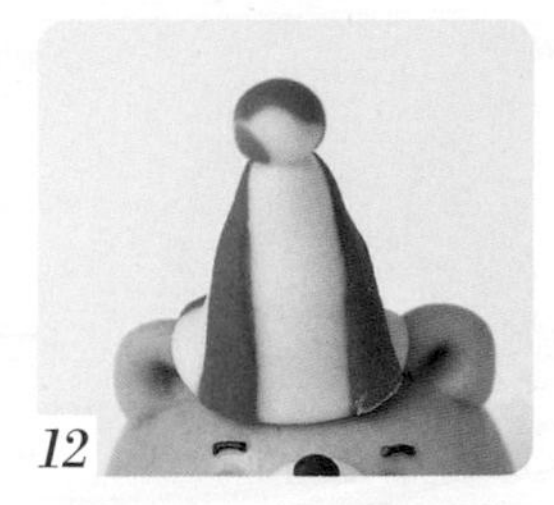

12

取剩餘的紅白色麵團，搓成小球，放在帽子頂端，做出毛球效果。

裝飾

將紅麴粉調成粉紅色，在臉部畫上腮紅，完成作品。

發酵&蒸煮

蒸鍋中放水，加熱到50℃左右熄火，成品置於鍋中蓋上鍋蓋保留1公分空隙進行發酵，待發酵至原本的1.5倍大，觸摸起來像棉花糖般柔軟有彈性。開中火蒸煮，待水沸騰冒出蒸汽後計時8分鐘關火，再燜2分鐘後再慢慢開蓋。

美姬小撇步

❇帽子的麵皮要略有厚度，否則蒸完之後容易傾倒。

蝸牛慢慢爬

不管兔子跑得多快，
兔子就是兔子，蝸牛就是蝸牛。
按照自己的步調，找到對的方向，
給自己時間努力向前，
總會抵達夢想的終點線。

材料（4只）

白色麵團53克、粉膚色麵團16克、綠色麵團少許、起司片一片、紅麴粉少許

做法▸ *Step by Step*

a 麵團

依P.16「可以用手揉製作饅頭麵團嗎？」、P.18「如何運用攪拌機製作饅頭麵團？」，做出完美的饅頭麵團。

---

b 調色&分割

依P.20「如何讓麵團五顏六色」，完成白色、粉膚色及綠色麵團調色，並分割成白色麵團50克×1、3克×1；粉膚色麵團4克×4。

造型

1

將50克白色麵團先滾圓，再擀成比起司片略大的圓形麵團，將麵皮翻面，把起司片鋪在麵皮上方。

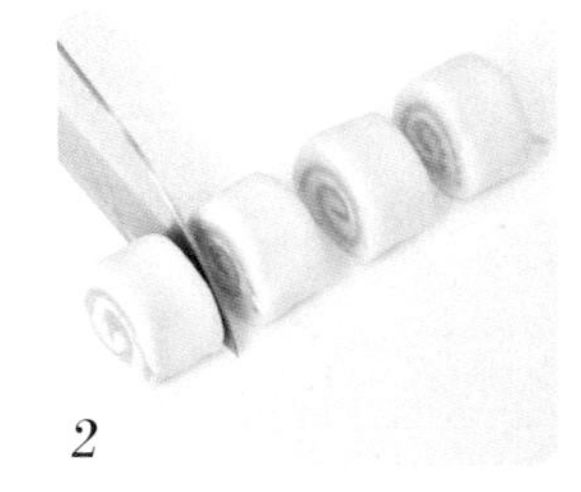

2

密實地捲起麵皮，切掉頭尾不規則的部分，將麵團分成四等分，當成4隻蝸牛的殼。

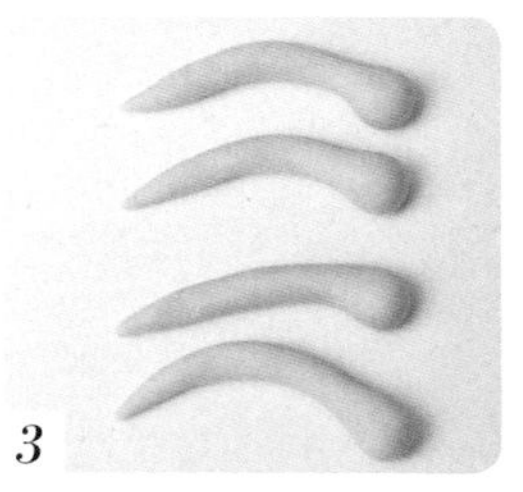

3

將4克×4的粉膚色麵團滾圓後搓成蝌蚪形，大小要能包住殼的一半。

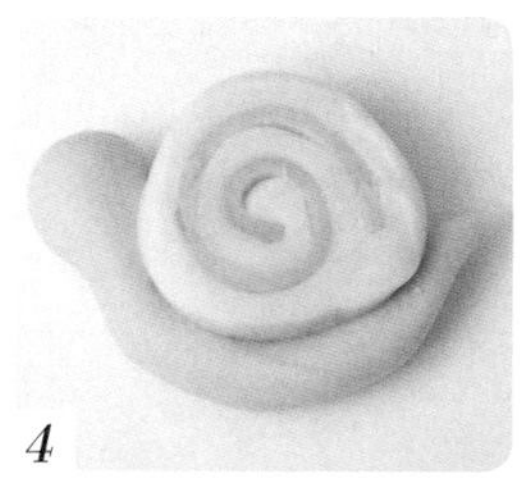

4

將蝌蚪形的粉膚色麵團，黏貼在殼的側邊。

5

將3克×1的白色麵團搓出8顆小米大小的小球，貼在頭上當作眼睛。

6

取黑色麵團搓出比小米粒更小的小圓，做成眼珠。

7

用牙籤戳出兩個鼻孔、用翻糖工具壓出笑咪咪的嘴巴。

8

取綠色麵團，搓成紅豆大小的小圓，再搓成水滴型，略微壓扁後壓出葉子的紋路。

9

黏貼在蝸牛身上，幫牠擋雨。

裝飾

將紅麴粉調成粉紅色，在臉部畫上腮紅，完成。

發酵&蒸煮

蒸鍋中放水，加熱到50℃左右熄火，成品置於鍋中蓋上鍋蓋保留1公分空隙進行發酵，待發酵至原本的1.5倍大，觸摸起來像棉花糖般柔軟有彈性。開中火蒸煮，待水沸騰冒出蒸汽後計時8分鐘關火，再燜2分鐘後再慢慢開蓋。

美姬小撇步

❇蝸牛身體的長度需要超過殼的一半高度。

卡哇伊小刺蝟

捏起來像一顆舒壓球，
飽滿又有彈性，超級卡哇伊！

材料（1只）

- 膚色麵團20克、棕色麵團10克、黑色麵團少許

做法 ▸ *Step by Step*

麵團

依P.16「可以用手揉製作饅頭麵團嗎？」、P.18「如何運用攪拌機製作饅頭麵團？」，做出完美的饅頭麵團。

---

b 調色&分割

依P.20「如何讓麵團五顏六色」，完成膚色、棕色及黑色麵團調色，並將調好色的麵團分割成膚色麵團15克×1、5克×1；棕色麵團10克×1，其餘備用。

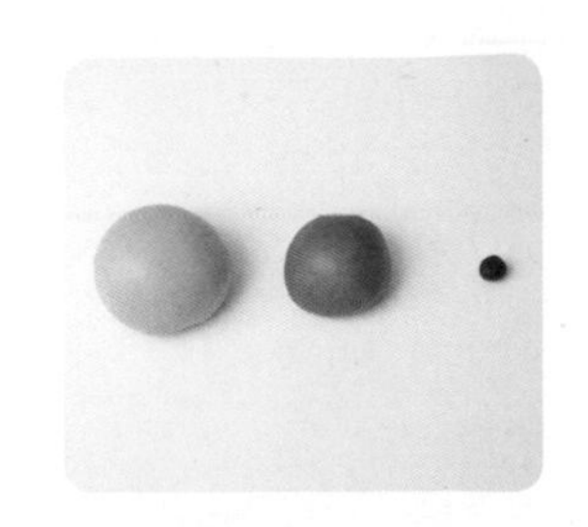

造型

1

將15克膚色麵團滾成橢圓形，當成刺蝟身體。

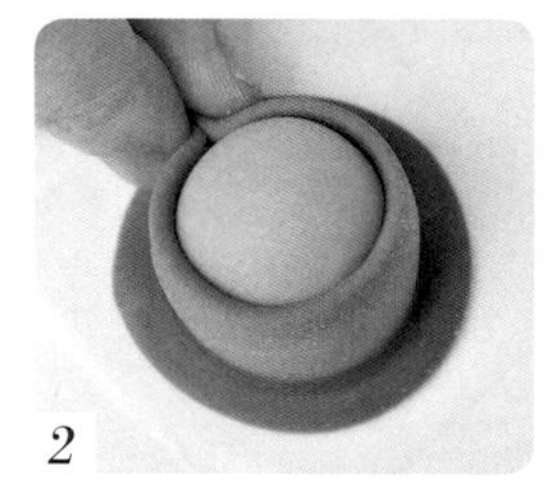

2

將10克棕色麵團搓成長8公分的長條，再擀成扁平麵皮，圈在膚色麵團上。

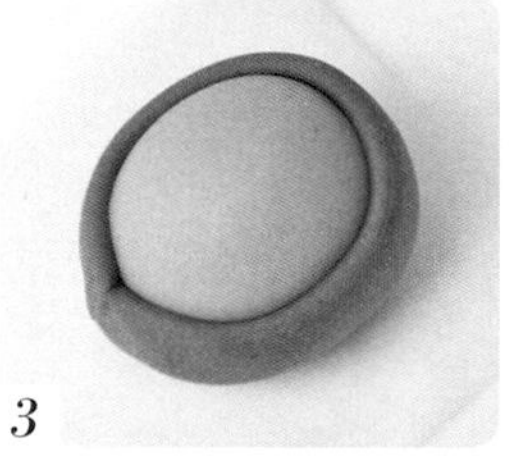

3

底部要捏合，藏壓在下方，並將底部多餘的麵皮剪掉。

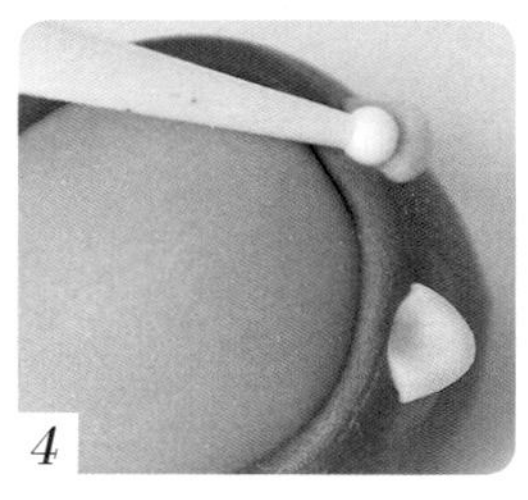

4

將5克膚色麵團滾圓，搓出1顆紅豆大小的小球，再滾成橄欖形，切成兩半，黏在頭部當耳朵，用翻糖工具壓出耳溝狀。

5

取剩餘膚色麵團，先搓出2顆紅豆大小的小圓，再搓出細長的水滴狀。

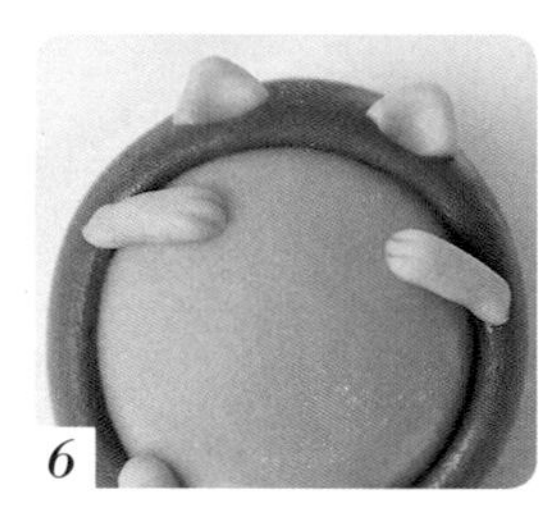

6

將細長水滴狀的膚色麵團，黏貼在身上當作手臂，再用小刀壓出指頭。

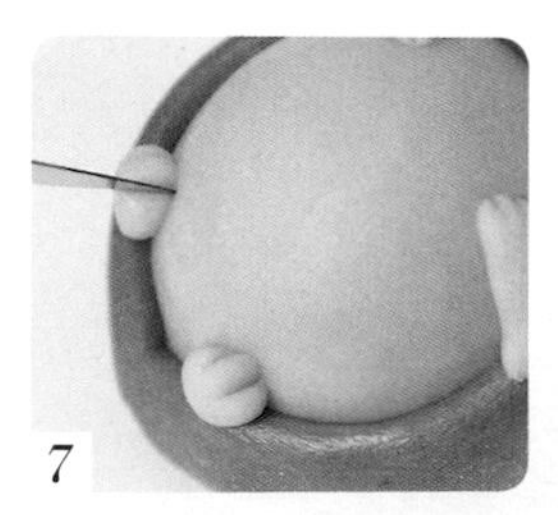

7

再取剩餘的膚色麵團，搓出2個小圓球，放在底部當腳趾，用小刀壓出腳趾頭形狀。

8

取黑色麵團，搓出2個西米露大小的小球，貼上當眼睛，再取剩餘的黑色麵團，搓出一小段細線，黏貼上當嘴巴。

9

用剪刀剪出身上的尖刺。

裝飾

將紅麴粉調成粉紅色，在臉部畫上腮紅，另外手腳、耳朵裡都畫上，增加層次感。

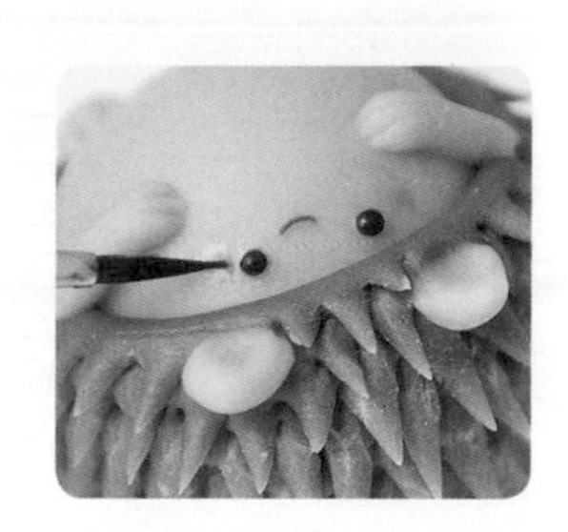

e 發酵&蒸煮

蒸鍋中放水，加熱到50℃左右熄火，成品置於鍋中蓋上鍋蓋保留1公分空隙進行發酵，待發酵至原本的1.5倍大，觸摸起來像棉花糖般柔軟有彈性。開中火蒸煮，待水沸騰冒出蒸汽後計時8分鐘關火，再燜2分鐘後再慢慢開蓋。

美姬小撇步

* 還可以做一些創意小裝飾，例如用2顆紅色小球，做成小櫻桃狀（做法同小蘋果），放在尖刺上裝飾。
* 如果臉部的裝飾過於困難，可以將竹炭粉與水混勻，用筆刷畫上亦可。

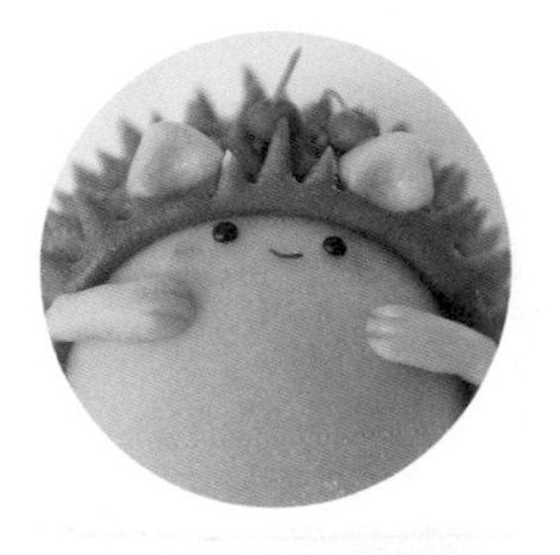

嘟嘟小企鵝

如果還不能一起去看極光，
就一起吃小企鵝饅頭吧！

材料（1只）

白色麵團18克、灰色麵團14克、淺橘色麵團3克、
紅色麵團2克、紫色麵團1克、黑色麵團少許、紅麴粉少許

做法▸ *Step by Step*

a 麵團

依P.16「可以用手揉製作饅頭麵團嗎？」、
P.18「如何運用攪拌機製作饅頭麵團？」，
做出完美的饅頭麵團。

b 調色&分割

依P.20「如何讓麵團五顏六色」，完成白色、灰黑色、淺橘色、紅色、紫色及黑色麵團調色，再將調好色的麵團分割成白色麵團15克×1；灰色麵團8克×1、1克×2；淺橘色麵團0.5克×2，其餘備用。

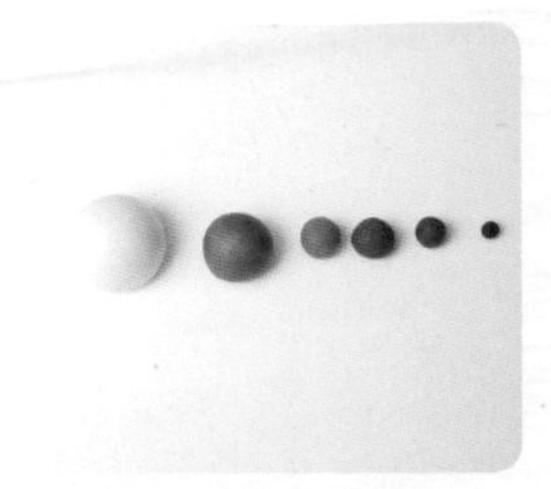

c 造型

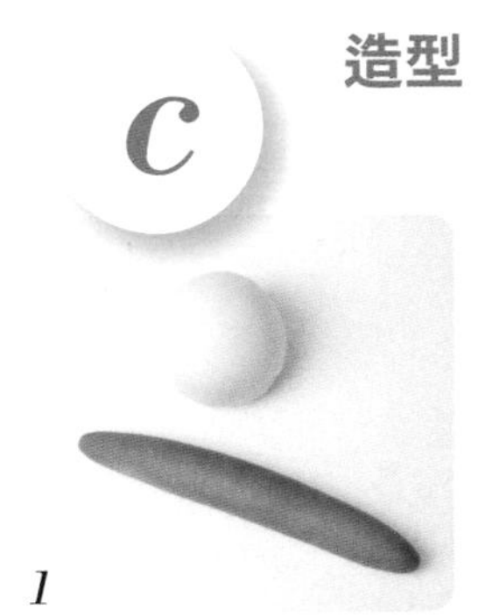

將15克白色麵團及8克灰色麵團分別滾圓，並將灰色麵團搓成長約8公分的粗麵條。

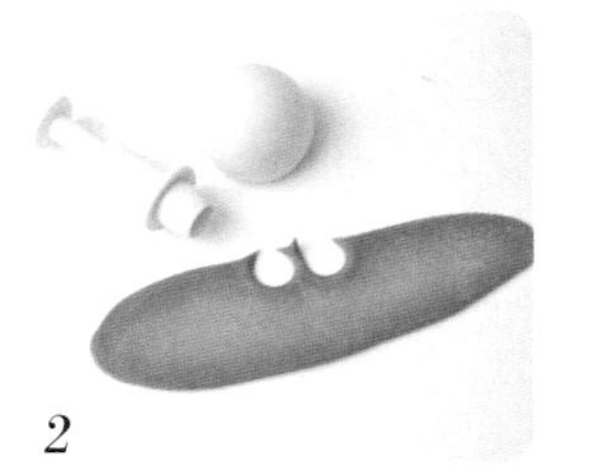

將灰色粗麵條擀成麵片，用粗吸管或小圓模壓出M形弧度。

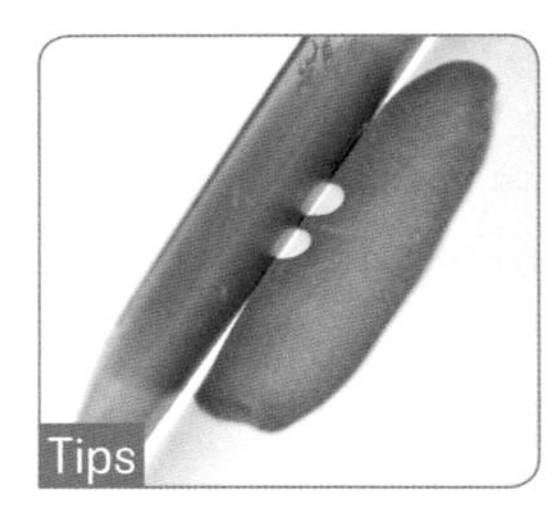

可用刀子再修飾一下。

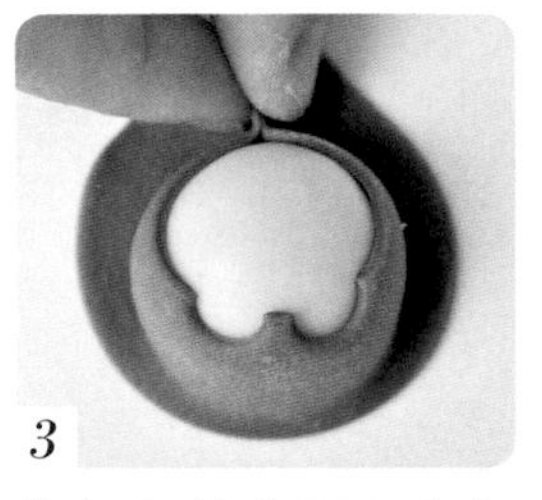

將灰色外皮圈在白色麵團四周，多餘的麵皮以剪刀去除。

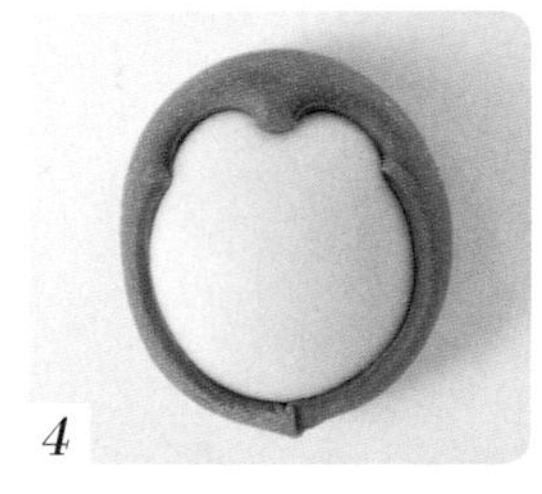

用掌心將麵團搓成蛋形。

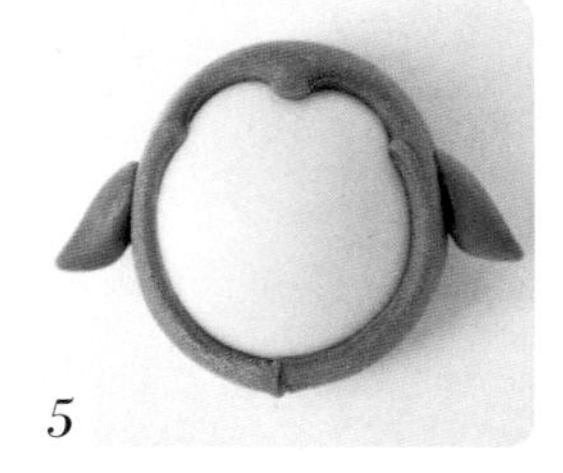

將2顆1克的灰色麵團搓成小圓，再搓成水滴形，貼在身體兩側當作翅膀。

將2顆0.5克的淺橘色麵團搓成小圓，再搓成水滴形，在寬頭處切兩刀壓扁，做出腳掌模樣，貼在身體下方。

取淺橘色麵團搓出綠豆大小的小圓，再搓成橢圓形，貼在身體的上半部當作嘴巴。

取黑色麵團搓出2個小圓，貼在臉上做出眼睛。

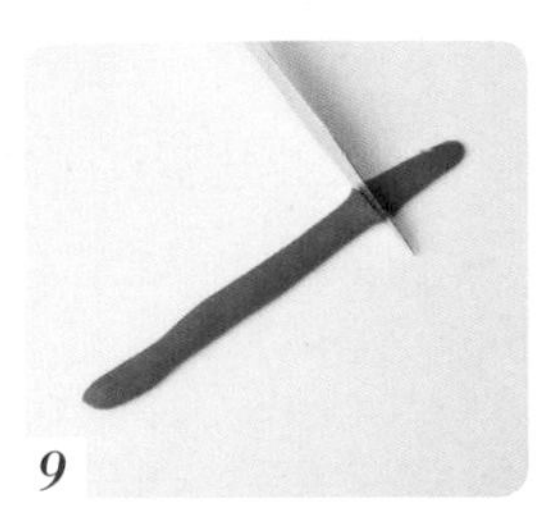

9

取紅色麵團搓成細長條，再擀成麵皮，切成長短兩段。

10

長短兩段紅色麵皮，長麵皮與短麵皮互相垂直，貼在脖子上方當作圍巾。

11

取紫色麵團搓出1克小圓，再滾成水滴形，貼在頭頂當作帽子。

12

取白色麵團搓成長條，圍在帽子邊緣裝飾。再搓出1顆白色小球貼在帽子頂端，做出毛球的效果。

裝飾

將紅麴粉調成粉紅色，在臉部畫上腮紅，完成。

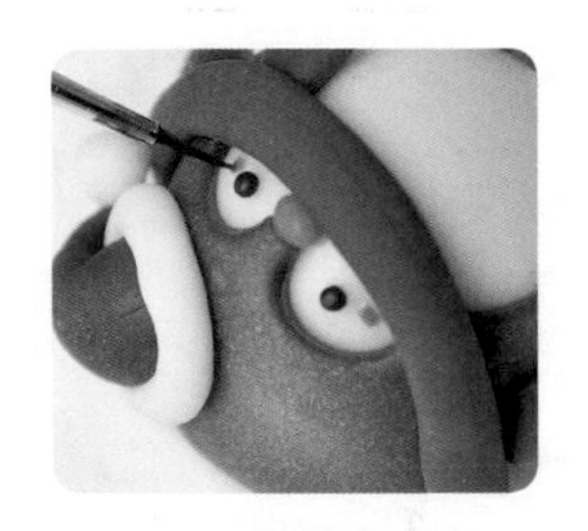

發酵&蒸煮

蒸鍋中放水，加熱到50℃左右熄火，成品置於鍋中蓋上鍋蓋保留1公分空隙進行發酵，待發酵至原本的1.5倍大，觸摸起來像棉花糖般柔軟有彈性。開中火蒸煮，待水沸騰冒出蒸汽後計時8分鐘關火，再燜2分鐘後再慢慢開蓋。

美姬小撇步

❇小帽子做得小一些，更顯俏皮。有沒有帽子，一樣可愛。
❇眼睛可以有不同的變化，讓表情不一樣。

COOK50192

卡哇伊一口小饅頭

約6公分大小，簡單、好做、萌翻天的
40款立體造型小饅頭

國家圖書館出版品
預行編目資料

卡哇伊一口小饅頭：約6公分大小，簡單、好做、萌翻天的40款立體造型小饅頭 / 王美姬著. -- 初版. -- 臺北市：朱雀文化, 2019.11
面； 公分. -- (Cook；192)
ISBN 978-986-97710-9-2（平裝）
1.點心食譜 2.饅頭
427.16 108017755

作者｜王美姬
攝影｜周禎和
美術設計｜*See_U Design*
編輯｜劉曉甄
校對｜連玉瑩
行銷｜邱郁凱
企畫統籌｜李橘
總編輯｜莫少閒
出版者｜朱雀文化事業有限公司
地址｜台北市基隆路二段 13-1 號 3 樓
電話｜02-2345-3868
傳真｜02-2345-3828
劃撥帳號｜19234566 朱雀文化事業有限公司
e-mail｜redbook@hibox.biz
網址｜http://redbook.com.tw
總經銷｜大和書報圖書股份有限公司 (02)8990-2588
ISBN｜978-986-97710-9-2
初版三刷｜2021.04
定價｜399 元
出版登記 北市業字第1403號